Julia Echelmeyer

Einfluss von Fentanyl auf den thermischen und mechanischen nozizeptiven Schwellenwert beim Pferd sowie Bestimmung von analgetisch wirksamen Plasmaspiegeln

Cuvillier Verlag Göttingen
Internationaler wissenschaftlicher Fachverlag

Bibliografische Information der Deutschen Nationalbibliothek

Die Deutsche Nationalbibliothek verzeichnet diese Publikation in der Deutschen Nationalbibliografie; detaillierte bibliografische Daten sind im Internet über http://dnb.d-nb.de abrufbar.

1. Aufl. - Göttingen : Cuvillier, 2017

Zugl.: Hannover (TiHo), Univ., Diss., 2017

Nonnenstieg 8, 37075 Göttingen

Telefon: 0551-54724-0

Telefax: 0551-54724-21

www.cuvillier.de

1. Auflage, 2017

Gedruckt auf umweltfreundlichem, säurefreiem Papier aus nachhaltiger Forstwirtschaft.

ISBN 978-3-7369-9659-5

eISBN 978-3-7369-8659-6

Tierärztliche Hochschule Hannover

Einfluss von Fentanyl auf den thermischen und mechanischen nozizeptiven Schwellenwert beim Pferd sowie Bestimmung von analgetisch wirksamen Plasmaspiegeln

INAUGURAL – DISSERTATION
Zur Erlangung des Grades einer Doktorin
der Veterinärmedizin
- Doctor medicinae veterinariae -
(Dr. med. vet.)

vorgelegt von
Julia Echelmeyer
Duisburg

Hannover 2017

Wissenschaftliche Betreuung: Prof. Dr. Sabine Kästner
Klinik für Kleintiere

1. Gutachter: Prof. Dr. Sabine Kästner
2. Gutachter: Prof. Dr. Manfred Kietzmann

Tag der mündlichen Prüfung: 04.10.2017
Teile dieser Arbeit wurden im Rahmen eines Vortrages auf dem DVG-Kongress in Berlin, Deutschland, 2015 sowie auf dem Frühjahrskongress der Association of Veterinary Anaesthetists in Manchester, England, 2017 veröffentlicht.

Meiner Familie

Inhaltsverzeichnis

Abkürzungsverzeichnis

Abb.	Abbildung
ACVA	American College of Veterinary Anesthesiologists
AM	Arzneimittel
AMP	Adenosinmonophosphat
AUC	Area under the curve
AUMC	Area under the first moment curve
bzw.	beziehungsweise
Cl	Clearance
cm^2	Quadratzentimeter
C_{max}	maximale Konzentration
CO_2	Kohlenstoffdioxid
DTI	Dauertropfinfusion
EDTA	Ethylendiamintetraacetat
etc.	et cetera
$F_{2,5}$	2,5 µg/kg Fentanyl
F_5	5 µg/kg Fentanyl
F_{10}	10 µg/kg Fentanyl
g	Gramm
h	Stunde
HL	half life, Halbwertszeit
HPLC	Hochleistungsflüssigkeitschromatografie
IASP	International Association for the Study of Pain
i.v.	intravenös
kg	Kilogramm
L	Liter
LC/MS	Flüssigkeitschromatographie/Massenspektrometrie
LOD	Limit of Detection
LOQ	Limit of Quantitation
m	Meter
m^2	Quadratmeter
MAC	Minimale alveoläre Konzentration
mg	Milligramm

min	Minute
ml	Milliliter
mmHg	Millimeter Quecksilbersäule
MRT	mean residence time
MT1	Mechanical Testing System
MZP	Messzeitpunkt
N	Newton
ng	Nanogramm
NaCl	Natriumchlorid
ORL	Opioid Receptor Like
P	Placebo
s	Sekunde
SD	Standardabweichung
t	Zeitpunkt
Tab.	Tabelle
T_c	cut-out Temperatur
T_T	thermischer Schwellenwert
T_0	Hauttemperatur
Temp.	Temperatur
TE %	prozentuale Temperaturabweichung
TTS	Transdermales Therapeutisches System
V_c	Volumen des zentralen Kompartiments
$V(d)_{ss}$	Verteilungsvolumen im Steady State
WTT2	Wireless Thermal Testing System
ZNS	Zentrales Nervensystem

Sonderzeichen:

α	alpha
β	beta
δ	delta
κ	kappa
μ	mü

%	Prozent
°C	Grad Celsius
<	kleiner als
>	größer als

1 Einleitung

Eines der wichtigsten therapeutischen Ziele im Rahmen der medizinischen Betreuung von Tieren ist laut dem American College of Veterinary Anesthesiologists die Prävention und Linderung von Schmerzen und Leiden der Tiere. Der akute Schmerz kann aufgrund seines Verhalten-modifizierenden Charakters im positiven Sinne eine Schutzfunktion für den Organismus darstellen und damit einer biologischen Funktion dienen (ZIMMERMANN 1984; LOVE 2009). Dahingegen hat vor allem der länger anhaltende, chronische Schmerz keinerlei protektiven Nutzen oder andere positive Effekte für das Tier (MUIR u. WOOLF 2001). Laut CLARK u. CLARK (1999) sinkt durch eine analgetische Behandlung die Morbidität und Mortalität, wodurch die Wahrscheinlichkeit auf einen positiven Krankheitsverlauf erhöht wird.

Einhergehend mit einem Zuwachs an wissenschaftlichen Erkenntnissen auf dem Gebiet der Schmerztherapie, ist der Einsatz von Analgetika in der Veterinärmedizin in den letzten Jahren bzw. Jahrzehnten deutlich gestiegen (DOHOO u. DOHOO 1996; CAPNER et al. 1999; RAEKALLIO et al. 2003).

Die Gruppe der Opioide gehört im Bereich der Schmerzmittel zu den effizientesten und am stärksten wirksamen Analgetika (CARREGARO et al. 2007), wobei Opioide ihren Einsatz häufig im Rahmen eines prä-, peri- und postoperativen Schmerzmanagements und im Sinne einer multimodalen Schmerztherapie finden (BENNETT u. STEFFEY 2002). Obwohl das Verständnis der Opioid-Analgesie in der Veterinärmedizin in den letzten Jahren deutlich gestiegen ist, gibt es für das Pferd im Vergleich zum Kleintier verhältnismäßig wenig neue Erkenntnisse (CLUTTON 2010). Der teilweise noch sehr zurückhaltende Einsatz von Opioiden beim Pferd steht zudem häufig mit der Angst vor unerwünschten Nebenwirkungen, in Form einer erregenden Komponente, einer motorischen Stimulation oder eines hemmenden Effektes auf die gastrointestinale Motilität, in Zusammenhang (TOBIN et al. 1979b; PASCOE et al. 1991; MAMA et al. 1993; BENNETT u. STEFFEY 2002; CARREGARO et al. 2007).

Aufgrund der beschriebenen Gesichtspunkte erscheint es sinnvoll, weiter an der Ausarbeitung effektiver Analgesieprotokolle für das Pferd zu arbeiten, um die Schmerztherapie für das Pferd zu verbessern, wissenschaftlich fundierte

Dosisangaben zu evaluieren und mögliche adverse Effekte sowie unerwünschte Nebenwirkungen aufzuzeigen.

Ziel dieser Studie ist die Evaluierung von analgetisch wirksamen Fentanyldosierungen mittels thermischer und mechanischer Stimulation sowie die Erhebung möglicher unerwünschter Nebenwirkungen beim Pferd. Des Weiteren sollen mittels Plasmakonzentrationsmessungen analgetisch wirksame Plasmaspiegel von Fentanyl bestimmt werden.

2 Literaturübersicht

2.1 Schmerz

Der Terminus „Schmerz“ ist ein nur schwer zu definierender Begriff, da er sowohl eine subjektive emotionale als auch eine sensorische Erfahrung beinhaltet (LOVE 2009), wodurch eine objektive Bestimmung dieses Zustandes nur schwer möglich ist (TAYLOR et al. 2002).

Von der „International Association for the Study of Pain“ (IASP) wird Schmerz als ein „unangenehmes sensorisches Gefühl und eine emotionale Erfahrung, welche mit tatsächlichen oder potentiellen Gewebeschäden verbunden ist“ definiert, wobei „die Unfähigkeit zu kommunizieren in keiner Weise die Möglichkeit negiert, dass ein Individuum Schmerz empfindet und es eine schmerzlindernde Behandlung benötigt“.

ZIMMERMANN (1984) beschreibt tierischen Schmerz als eine „aversive sensorische Erfahrung, in deren Folge protektive motorische Aktionen oder vegetative Reaktionen hervorgerufen werden, die zu erlernten Vermeidungsstrategien führt und die spezies-spezifisches Verhalten, inklusive soziales Verhalten, modifiziert“. Zimmermanns Definition verdeutlicht, dass Schmerz nicht nur eine negative subjektive Wahrnehmung ist, sondern auch eine Schutzfunktion darstellt, die den Organismus vor schädlichen Einflüssen schützen soll und sein Verhalten dahingehend modifizieren soll, dass zukünftigen potenziellen Gewebeschäden so weit wie möglich vorgebeugt wird. Akuter Schmerz dient einer biologischen Funktion (LOVE 2009) und hat durch die Ermöglichung von Heilung und Gewebereparatur eine schützende Rolle, dagegen hat unnachlässiger chronischer Schmerz nur wenig oder gar keinen protektiven Nutzen (MUIR u. WOOLF 2001).

Schmerz ist ein komplexes Phänomen, welches pathophysiologische und psychische Komponenten beinhaltet, welches vor allem bei Tieren unter Umständen schwierig zu erkennen und zu bewerten ist und das einzigartig für jedes Individuum ist (ACVA 1998). Die Prävention und Linderung von Schmerzen und Leiden von Tieren ist laut dem American College of Veterinary Anesthesiologists, ACVA (1998) eines der wichtigsten therapeutischen Ziele, da ungelinderte Schmerzen keinerlei Nutzen oder positive Effekte für das Tier haben. Neben der ethischen Verpflichtung Schmerzen zu lindern, steigt durch eine schmerzlindernde Behandlung die Wahrscheinlichkeit für einen positiven Krankheitsverlauf, da es zu einer Reduktion der schädlichen physiologischen Effekte von Schmerzen kommt, Verhaltensänderungen wie Depressionen vorgebeugt wird und somit schlussendlich die Morbidität und die Mortalität gesenkt wird (CLARK u. CLARK 1999).

Schmerz kann anhand verschiedener Merkmale in unterschiedliche Kategorien eingeteilt werden. Man kann die Einteilung aufgrund der Krankheitsursache (Krebsschmerzen, Kolikschmerzen, etc.), der anatomischen Schmerzlokalisation (Rücken, Magen, Gliedmaßen, etc.), der allgemeinen Lokalisation (oberflächlicher, viszeraler, tiefer Schmerz), der Schmerzdauer (akut, chronisch), der Intensität (milde, moderate, schwere Schmerzen) und der Antwort auf Manipulationen (Palpation, Algesiometrie) vornehmen (MUIR 2005b). Diese Kategorisierungen sind rein deskriptiver Natur und lassen eine Identifizierung der ursächlichen Mechanismen nicht zwingend zu. Teilt man Schmerzen anhand ihrer Schmerzentstehungsmechanismen ein, kann man zwischen physiologischen und pathologischen Schmerzen differenzieren.

2.1.1 Physiologischer Schmerz und Nozizeption

Die Schmerzwahrnehmung beginnt in der Peripherie durch die Aktivierung von Schmerzrezeptoren, den sogenannten Nozizeptoren (CLARK u. CLARK 1999). Diese liegen als freie Nervenendigungen unter anderem in der Haut, in der Mukosa, im Periost, in Gelenken, Muskeln, Sehnen und der Viszera (ALMEIDA et al. 2004) und kodieren mechanische, chemische und thermische Energie in elektrische Impulse (POSNER 2013).

Als Nozizeption wird der Vorgang bezeichnet, bei dem die Nozizeptoren spezifisch auf noxische Reize reagieren (POSNER 2013) und es zu einer Weiterleitung der Signale über das Rückenmark bis in das Gehirn kommt (MUIR u. WOOLF 2001). Dort werden sie nach der „Weiterverarbeitung“ als Schmerz wahrgenommen (LOVE 2009).

MUIR u. WOOLF (2001) beschreiben Schmerzen als die Empfindung, die aufgrund einer sensorischen Erfahrung, welche durch einen noxischen Stimulus verursacht wurde, entsteht. Der nozizeptive Schmerz wird auch als physiologischer oder adaptiver Schmerz bezeichnet (MUIR 2005b) und zeichnet sich dadurch aus, dass er gut lokalisiert und vergänglich ist und eine wichtige Rolle bei den normalen körperlichen Abwehrmechanismen einnimmt, indem er den Körper vor potenzieller Gefahr und Gewebeschäden warnt (MUIR u. WOOLF 2001).

Die Schmerzwahrnehmung und –weiterleitung wird in verschiedene Phasen unterteilt: Transduktion, Transmission, Modulation, Projektion und Perzeption (MUIR u. WOOLF 2001).

2.1.1.1 Transduktion

Als Transduktion wird der Vorgang beschrieben, bei dem ein Reiz auf eine Sinneszelle wirkt und durch Öffnen oder Schließen von Ionenkanälen in eine Potenzialänderung und somit in ein elektrisches Signal, ein Aktionspotenzial, umgewandelt wird (MUIR u. WOOLF 2001; POSNER 2013).
Die Schmerzrezeptoren können in verschiedene Gruppen eingeteilt werden, wobei es sowohl polymodale afferente Neurone gibt, welche verschiedene Signale aufnehmen können, als auch modalitätssensitive afferente Neurone, welche nur auf eine Art von Reize reagieren (CLARK u. CLARK 1999). Eine besondere Gruppe stellen die sogenannten „schlafenden Nozizeptoren" dar, welche durch physiologisch auftretende noxische Reize normalerweise nicht erregt werden. Dies kann sich allerdings bei pathologischen Zuständen durch eine Sensibilisierung dieser Schmerzrezeptoren oder aufgrund einer Entzündungsreaktion ändern (KAMERLING 1993; DRAY 1995; JULIUS u. BASBAUM 2001).

2.1.1.2 Transmission

Unter Transmission versteht man die Weiterleitung der noxischen Reize über primäre afferente nozizeptive Neurone an das Rückenmark (RICE u. JUSTINS 1999; MUIR u. WOOLF 2001). Die Gesamtheit dieser peripheren Neurone wird als das „primäre sensorische Neuron" bezeichnet (JULIUS u. BASBAUM 2001).

Man unterscheidet verschiedene Arten von Nervenfasern:

- dünn myelinisierte, schnell leitende (2,5 - 30 m/s) **Aδ-Fasern**, die die „high-threshold" Mechanorezeptoren und die „low-threshold" Mechanothermorezeptoren innervieren und den kurzen, scharfen, stechenden und gut lokalisierten Schmerz („first pain" oder „fast pain") verursachen (CLARK u. CLARK 1999; RICE u. JUSTINS 1999; JULIUS u. BASBAUM 2001; LE BARS et al. 2001),
- unmyelinisierte, langsam leitende (<2,5 m/s) **C-Fasern**, die die polymodalen „high-threshold" Rezeptoren innervieren und die für den längeren brennenden Schmerz („second pain" oder „slow pain") verantwortlich sind

(CLARK u. CLARK 1999; RICE u. JUSTINS 1999; JULIUS u. BASBAUM 2001; LE BARS et al. 2001),

- gut myelinisierte, sehr schnell leitende (30 - 70 m/s) **Aβ-Fasern**, die aktiviert werden durch „low-threshold“ Stimuli und normalerweise nur für nicht-noxische Stimuli zuständig sind (JULIUS u. BASBAUM 2001; MUIR u. WOOLF 2001).

2.1.1.3 Modulation

Die Modulation (oder Modifizierung) findet im Rückenmark durch amplifizierende und supprimierende Interaktionen statt (RICE u. JUSTINS 1999; MUIR u. WOOLF 2001). Alle afferenten sensorischen Nervenfasern gelangen über die Dorsalwurzel der Spinalnerven in das Rückenmark und werden dann auf die sekundären Neurone in den verschiedenen Laminae der grauen Substanz des Rückenmarks umgeschaltet (CLARK u. CLARK 1999; RICE u. JUSTINS 1999).

Durch ein Zusammenspiel von exzitatorischen und inhibitorischen spinalen neuronalen Systemen kommt es zu einer Modifizierung der spinalen nozizeptiven Signale (DICKENSON 1995). Eine Vielzahl von verschiedenen Neurotransmittern ist beteiligt, wobei die Aminosäuren Glutamat und Aspartat zwei der wichtigsten exzitatorischen Transmitter der spinalen Transmission und Modulation darstellen. Durch die exogene Applikation dieser Aminosäuren kann eine spinale Nozizeption nachgeahmt werden, wohingegen die entsprechenden Antagonisten eine analgetische Wirkung besitzen (RICE u. JUSTINS 1999). Zusätzlich werden die elektrischen Impulse durch eine Vielzahl von endogenen Systemen, wie unter anderem den endogenen Opioiden, moduliert (MUIR 2005a). Auf spinaler Ebene bewirken Opioide eine Hemmung der Freisetzung von Neurotransmittern aus primär afferenten nozizeptiven Neuronen, wobei dieser Mechanismus vorrangig über präsynaptische μ-Rezeptoren vermittelt wird (RICE u. JUSTINS 1999).

Aufgrund der klinischen Beobachtung, dass Gewebeschäden und eine Aktivierung von peripheren Nozizeptoren nicht zwingend in einer Schmerzempfindung resultieren, wurde im Jahre 1965 erstmals die „Gate Control Theorie“ aufgestellt und beschrieben (WALL 1978; MELZACK 1996; RICE u. JUSTINS 1999). Diese Theorie beschreibt das Vorhandensein einer Art „physiologischen Tores“, welches aufgrund seines Öffnungsgrades nozizeptive Informationen zum Gehirn aszendieren lässt oder das Gehirn vor diesen abschirmt (RICE u. JUSTINS 1999). Heutzutage weiß man, dass diese Theorie zwar in ihren Grundzügen noch Gültigkeit besitzt, viele Vorgänge hierbei jedoch unberücksichtigt bleiben und die Mechanismen der Schmerzmodulation deutlich komplexer sind (SUFKA u. PRICE 2002).

2.1.1.4 Projektion und Perzeption

Nachdem die nozizeptive Information im Rückenmark moduliert worden ist, wird diese über verschiedene Nervenbahnen (*Tractus spinothalamicus, Tractus spinoreticularis*) zur *Formatio reticularis* und umliegenden Nuclei des Hirnstammes und anschließend zum Thalamus geleitet (MUIR u. WOOLF 2001; ALMEIDA et al. 2004). Vom Thalamus wird die Information zum somatosensorischen Kortex weitergeleitet, welcher wiederum auf benachbarte kortikale Areale, unter anderem das limbische System, projiziert (MUIR u. WOOLF 2001). Im limbischen System, zu dem verschiedene kortikale Strukturen gezählt werden, findet die emotionale Bewertung des Schmerzes statt (ROLLS 2017).

Durch ein Zusammenspiel vieler verschiedener Hirnareale kommt es somit zur Schmerzwahrnehmung und zur Beeinflussung ebendieser (CLARK u. CLARK 1999).

2.1.2 Pathologischer Schmerz

Der pathologische Schmerz wird von einigen Autoren auch als „klinischer" (MUIR u. WOOLF 2001) oder „maladaptiver" Schmerz (MUIR 2005b) bezeichnet. Dieser entsteht, wenn übermäßig intensive oder verlängerte Stimuli einen Gewebeschaden verursachen, was in erweitertem Unbehagen und einer abnormalen Sensitivität resultieren kann (MUIR u. WOOLF 2001).

Der pathologische Schmerz kann spontan oder in Anwesenheit eines Stimulus entstehen und ist charakterisiert durch eine niedrige Reizschwelle für noxische Stimuli (Hypersensitivität, Sensibilisierung), eine erhöhte Schmerzantwort auf einen noxischen Stimulus (Hyperalgesie) und kann durch nicht noxische Reize ausgelöst werden (Allodynie) (MUIR u. WOOLF 2001). Pathologischer Schmerz kann aufgrund seiner Entstehungsursache in entzündlichen, neuropathischen und funktionalen Schmerz unterteilt werden.

2.1.2.1 Entzündlicher Schmerz

Der pathologische Schmerz, der aufgrund einer Entzündungsreaktion im Gewebe ausgelöst wird, wird als entzündlicher Schmerz bezeichnet. Mögliche Ursachen sind unter anderem chirurgische Eingriffe, Traumata, Ischämien und Infektionen (MUIR u. WOOLF 2001).

Der entzündliche Schmerz kann, wie auch der physiologische Schmerz, aufgrund seines Ursprungs in den viszeralen und den somatischen Schmerz unterteilt werden. Der viszerale Schmerz ist nicht deutlich abgrenzbar, wird als krampfend oder bohrend beschrieben und geht häufig mit einem „crescendo-decrescendo“ einher. Der somatische Schmerz dagegen ist klar lokalisiert und gut abgrenzbar, wird als stechend oder klopfend beschrieben und ist meist akut. Er kann weitergehend unterteilt werden in den oberflächlichen, kutanen Schmerz und in den von tieferen Strukturen (Muskeln, Gelenke) ausgehenden Schmerz (MUIR 2005a).

2.1.2.2 Neuropathischer Schmerz

Der neuropathische Schmerz ist eine Art des pathologischen Schmerzes, der durch periphere oder zentrale Nervenschädigung ausgelöst wird. Ursächlich kann zum Beispiel eine Transsektion oder eine Kompression von Nervengewebe sein (MUIR u. WOOLF 2001). Der neuropathische Schmerz wird beschrieben als ein brennender, stechender, intermittierender Schmerz, der häufig nicht auf eine Behandlung anspricht (MUIR 2005a).

2.1.2.3 Funktionaler Schmerz

Ebenfalls eine Art des pathologischen Schmerzes ist der funktionale Schmerz, bei dem es im Gegensatz zum neuropathischen Schmerz nicht zu einem Schaden des Nervengewebes gekommen ist, sondern eine abnormale Funktion des Nervensystems ursächlich ist (MUIR 2005b).

2.1.2.4 Sensibilisierung

Unter dem Begriff der Sensibilisierung wird eine, durch einen Gewebeschaden oder eine Entzündung verursachte, erhöhte Sensitivität auf einen noxischen Stimulus durch eine erniedrigte Reizschwelle verstanden (MUIR u. WOOLF 2001). Hierbei kann man zwischen einer peripheren und einer zentralen Sensibilisierung unterscheiden.

Die periphere Sensibilisierung ist das Resultat einer Änderung der lokalen chemischen Umwelt der peripheren Nozizeptoren (MUIR 2005b). Verursacht wird diese durch eine Entzündung im Bereich des Gewebeschadens oder ein Trauma, wodurch es zur Ausschüttung von chemischen Mediatoren und zur Induktion von Enzymen kommt (MUIR u. WOOLF 2001). Die chemischen Mediatoren sensibilisieren die peripheren Neurone und können zu einer primären Hyperalgesie und zu einer Allodynie im Bereich des Gewebeschadens führen (JULIUS u. BASBAUM 2001; MUIR u. WOOLF 2001). Die „high-threshold“ Nozizeptoren werden somit zu „low-threshold“ Nozizeptoren (MUIR u. WOOLF 2001). Durch die periphere Sensibilisierung kommt es des Weiteren zu einer Aktivierung der schlafenden Nozizeptoren (SCHAIBLE u. SCHMIDT 1988; XU et al. 2000).

Die zentrale Sensibilisierung dagegen ist charakterisiert durch eine erhöhte Erregbarkeit in Verbindung mit einer herabgesetzten Inhibition von Neuronen im Rückenmark, wodurch es zu einer Schmerzantwort auf normalerweise uneffektive Inputs von Aβ-Fasern kommt (BABA et al. 1999; MUIR u. WOOLF 2001). Durch eine zeitliche und räumliche Summation von exzitatorischem Input aufgrund von noxischen Stimuli kann es zum sogenannten „Wind Up“ Phänomen kommen, welches zu einer verlängerten Sensibilisierung der Neurone im Rückenmark führt (ZIV et al. 2016).

2.2 Algesimetrie

Die Messung von nozizeptiven Schwellenwerten (Algesimetrie) als Antwort auf aversive Stimuli kann für verschiedene Zwecke genutzt werden. Die Möglichkeit des Tieres Schmerzen zu empfinden kann aufgezeigt werden, die Effizienz von Analgetika evaluiert werden und des Weiteren können mögliche veränderte nozizeptive Funktionen wie Sensibilisierung und Hyperalgesie aufgedeckt werden (ASHLEY et al. 2005; LOVE et al. 2011).

Die nozizeptiven Testmodelle funktionieren als sogenannte „input–output“ Systeme, wobei der Input der Stimulus ist, der von dem Untersucher angewandt wird und der Output die Reaktion ist, die das Tier auf den Stimulus zeigt (LE BARS et al. 2001). Als Stimulus können thermische, mechanische, elektrische oder chemische Reize genutzt werden. Ein aversiver Reiz wird angewandt bis ein bestimmtes Verhalten oder ein Reflex gezeigt werden (CHAMBERS et al. 1990). Die beobachtbaren Reaktionen sind meist motorische Antworten, die von einem einfachen Reflex bis zu komplexem Verhalten reichen können (LE BARS et al. 2001). Bei den meisten nozizeptiven Messmodellen wird unmittelbar nach der spezifischen Reaktion der Reiz terminiert und die Intensität, die zu der gewünschten Antwort geführt hat, wird als der nozizeptive Schwellenwert bezeichnet (DEROSSI et al. 2004). Nach Applikation eines Analgetikums wird eine Erhöhung des nozizeptiven Schwellenwertes bzw. eine

Verlängerung der Latenzzeit als antinozizeptiver Effekt gewertet (HARGREAVES et al. 1988; LOVE et al. 2011).
Um die Entstehung von Gewebeschäden bei der Evaluierung des antinozizeptiven Effektes eines Schmerzmittels zu vermeiden, ist es wichtig sogenannte „cut-out"-Werte oder -Zeiten zu definieren, bei denen das Stimulationsgerät automatisch den Reiz terminiert (LE BARS et al. 2001).
Von den verschiedenen Modalitäten der nozizeptiven Stimuli (thermisch, mechanisch, elektrisch, chemisch) ist keines ideal in Bezug auf die exakte Nachahmung des akuten physiologischen Schmerzes, wobei laut LE BARS et al. (2001) der chemische Stimulus den akuten klinischen Schmerz am ehesten imitiert.

2.2.1 Entwicklung nozizeptiver Messmethoden

Die nozizeptive Schwellenwertbestimmung ist eine übliche Methode um Veränderungen der Sensibilität eines Gewebes auf noxische und nicht-noxische Stimuli aufzudecken und damit auch um die Wirksamkeit von Analgetika zu evaluieren (MUIR 2005b).
Eine der ältesten nozizeptiven Stimulationsmethoden ist die Messung der mechanischen nozizeptiven Schwellenwerte mittels der „von Frey Monofilamente", die zu Beginn des 20. Jahrhunderts aus Pferdehaaren bestanden, später synthetisch aus Nylon hergestellt wurden und somit standardisierte Längen und Stärken aufweisen konnten. Filamente verschiedener Stärke werden auf die Haut aufgesetzt und so viel Druck ausgeübt bis sich das Filament durchbiegt. Der Schwellenwert ist erreicht, wenn das Versuchsobjekt bei einem Filament bestimmter Stärke eine Schmerzreaktion zeigt. Dieses Modell hat sich in seiner Schlichtheit bis in die Gegenwart durchgesetzt, es weist allerdings eine Reihe von Limitierungen auf (BOVE 2006).
Einige mechanische Messmethoden wurden Mitte des 20. Jahrhunderts entwickelt und getestet (CLUTTON-BROCK 1957; DUNDEE u. MOORE 1960; CHAMBERS et al. 1994). Die ersten nozizeptiven Messmethoden am Tier waren subjektive und unpräzise mechanische Messungen, wie die Hufkompression mittels Zange oder das Einklemmen von Haut, welche einen Vergleich zwischen verschiedenen Untersuchern schwierig machten (KAMERLING et al. 1985b). Bei den Großtieren wurden nozizeptive Messmethoden vor allem für das Pferd und in geringerem Umfang für das Schaf evaluiert (NOLAN et al. 1987; CHAMBERS et al. 1994). Die thermischen Messmethoden für das Pferd waren charakterisiert durch eine

Stimulation mittels Strahlungswärme im Bereich des Widerrists oder der Fessel (PIPPI u. LUMB 1979; KAMERLING et al. 1985b). Auch die Möglichkeit einer implantierten Heizelektrode sowie die Auslösung eines viszeralen Schmerzreizes mithilfe eines dehnbaren Ballons wurde beim Pferd getestet (PIPPI u. LUMB 1979).

Anforderungen an nozizeptive Testverfahren sind eine mögliche Kontrollierbarkeit der Stimuli in Bezug auf die Intensität, die Dauer und den Ort der Stimulation, da diese drei Parameter die Quantität der nozizeptiven Information, die zum zentralen Nervensystem weitergeleitet wird, festlegen (LE BARS et al. 2001). Die Methode sollte des Weiteren wiederholbar, minimal invasiv und quantifizierbar sein sowie einen deutlichen Endpunkt haben. Auch der Effekt von schwachen Analgetika sollte erkennbar und ein dosisabhängiger Effekt messbar sein, zudem sollte die Methode einfach in der Handhabung und zudem sicher sein (BEECHER 1957).

2.2.2 Modalitäten nozizeptiver Messmethoden

2.2.2.1 Thermische Stimulation

Die thermische Stimulation der Haut wird genutzt um einen oberflächlichen kutanen Schmerz zu simulieren. Hierbei wird entweder die Latenzzeit (Zeit bis zur Reaktion) bei konstant aufgebrachter Temperatur gemessen oder man nutzt eine ansteigende Temperatur und misst den Wert, bei dem eine Antwort ausgelöst wird, welcher dann als thermischer Schwellenwert bezeichnet wird (LOVE et al. 2011). Die thermische Reizschwellenbestimmung ist eine selektive Methode, da hierbei kutane thermosensitive nozizeptive Fasern stimuliert werden (LE BARS et al. 2001). Bei Einsatz von langsamen Heizraten werden die C-Fasern aktiviert, dahingegen werden bei schnelleren Heizraten vorrangig Aδ-Fasern stimuliert (YEOMANS u. PROUDFIT 1996; LOVE et al. 2011). Bei der Arbeit mit Labortieren sind thermische nozizeptive Messmethoden weit verbreitet und werden vor allem zur präklinischen Evaluierung von antinozizeptiven Substanzen eingesetzt (LOVE et al. 2011).

Erhitzung mittels Strahlungswärme:
Bei der Erhitzung mittels Strahlungswärme bestrahlt man ein bestimmtes Hautareal mit einer relativ konstanten Temperatur und misst die Latenzzeit, bis eine bestimmte Reaktion auf den Stimulus gezeigt wird (PIPPI u. LUMB 1979; CARREGARO et al.

2007). Die Verlängerung der Latenzzeit nach Gabe eines Analgetikums wird als antinozizeptiver Effekt gewertet (LOVE et al. 2011).

Die konventionelle Strahlungswärme hat den großen Nachteil, dass Strahlung emittiert wird, für die die Haut ein schlechter Absorber, jedoch ein guter Reflektor ist (LE BARS et al. 2001). Die Reflektion kann vermindert werden, indem die Haut geschwärzt wird (LOVE et al. 2011). Die Schwärzung der Haut hat zusätzlich den Vorteil, dass das Eindringen von Strahlung unter die Hautoberfläche vermindert wird (LE BARS et al. 2001).

Die Strahlungswärme, die benötigt wird um die Temperatur bis zum Schwellenwert zu erhöhen, hängt von mehreren Parametern, wie dem Reflektionsvermögen, der Lichtdurchlässigkeit, dem Absorptions- und Diffusionsvermögen der Haut, der initialen Hauttemperatur und der Menge an Wärmeenergie, die auf ein bestimmtes Hautareal freigesetzt wird, ab (LE BARS et al. 2001). Diese Parameter der Haut können an den verschiedenen Messlokalisationen variieren.

Schwierigkeiten bzw. Nachteile dieser Methode können Messungenauigkeiten sein, die vor allem dann signifikant werden, wenn die Zeit zwischen Beginn des Stimulus und Antwort auf den Stimulus sehr kurz ist. Dagegen ist ein Vorteil dieser Methode, dass kein direkter Kontakt mit der Haut bestehen muss und dadurch kein taktiler Stimulus ausgelöst wird (LOVE et al. 2011). Jedoch kann sich durch den visuellen Reiz der Lichtquelle ein Lern- und Meideverhalten entwickeln, welches laut einer Studie von KAMERLING et al. (1985b) bei etwa der Hälfte der Pferde auftritt. Dies kann vermieden werden, indem sogenannte Scheintests in Form von nicht-Wärme-produzierenden Lampen in das Messprotokoll eingeschlossen werden (KAMERLING et al. 1985b).

Eine zeitliche Begrenzung für die Exposition der Haut mit Strahlungswärme sollte festgelegt werden um Schädigungen des Gewebes zu vermeiden (CARREGARO et al. 2007).

Erhitzung mittels Kontaktwärme:

Bei dieser Form der thermischen Reizschwellenbestimmung wird die Haut mithilfe eines Heizelementes erhitzt, welches der Haut direkt aufliegt und mittels Wärmeleitung (Konduktion) die thermosensitiven Rezeptoren in der Haut aktiviert (LE BARS et al. 2001). Als ein Vorteil dieser Methode wird beschrieben, dass der Wärmeanstieg linear erfolgt (LOVE et al. 2011). Ein Nachteil dagegen ist, dass nur die Hautoberflächentemperatur gemessen wird und nicht die Temperatur der darunterliegenden Schichten (LE BARS et al. 2001). Die Hauttemperatur des Bereiches, in dem sich die Nozizeptoren befinden, ist somit unbekannt (LOVE et al. 2011). Hinzu kommt, dass es zur Tiefe und Dichte von Aδ- und C-Fasern in der Epidermis von Pferden bislang keine publizierten Untersuchungen oder Studien gibt. MONTEIRO-RIVIERE et al. (1990) hat beschrieben, dass die Epidermis von Pferden doppelt so dick wie die von Ratten oder Katzen ist und man daraus schlussfolgern könnte, dass die Nozizeptoren in der Pferdeepidermis weiter entfernt von der Hautoberfläche liegen als bei anderen Tierarten. Dies würde bedeuten, dass bei Pferden im Vergleich zu anderen Tierarten eine größere Temperaturdifferenz zwischen der Hautoberfläche und den Nozizeptoren besteht (LOVE et al. 2011). Langsamere Heizraten haben den Vorteil, dass es zu einem besseren Temperaturangleich zwischen der Hautoberfläche und den darunterliegenden Hautschichten, welche die Nozizeptoren enthalten, kommt und dadurch weniger Gewebeschädigungen auftreten (LOVE et al. 2008). Allerdings können zu langsame Heizraten, wie bei thermischen Stimulationen an der Nüster von Pferden gezeigt werden konnte, zu Gewebeschädigungen führen (POLLER et al. 2013a).

Geräte, die mithilfe eines Heizelementes die Haut erhitzen, wurden zunächst für Katzen hergestellt und validiert (DIXON et al. 2002). Wenige Jahre später wurden diese auch in Studien mit Pferden eingesetzt (ROBERTSON et al. 2005a; SANCHEZ u. MERRITT 2005; POLLER et al. 2013a). Das Equipment besteht unter anderem aus einem Heizelement und einem Temperatursensor, welcher beispielsweise auf einem geschorenen Bereich in der Nähe des Widerrists angebracht wird. Hierbei ist der Druck, mit dem das Heizelement der Haut anliegt, ein wichtiger Parameter (LE BARS et al. 2001), der standardisiert werden sollte (LOVE et al. 2011).

Das Heizelement wird mit einer vorgegebenen Heizrate erhitzt, bis eine aversive Reaktion des Pferdes erkennbar ist. Der Reiz wird daraufhin unmittelbar beendet und die erreichte Endtemperatur ist als der thermische nozizeptive Schwellenwert definiert (LOVE et al. 2011). Um Gewebeschäden zu vermeiden, falls das Pferd unter dem Einfluss von analgetisch wirksamen Medikamenten steht oder aus anderen Gründen nicht auf den thermischen Reiz reagiert, sollte eine Sicherheitsabschalttemperatur definiert sein, bei der das Gerät automatisch den Heizvorgang terminiert. ROBERTSON et al. (2005a) nutzen bei der thermischen Stimulation am Widerrist eine Heizrate von 0,6 °C/s und eine

Sicherheitsabschalttemperatur von 55 °C. Der Vergleich von verschiedenen Heizraten (0,85 °C/s, 0,5 °C/s, 0,2 °C/s) bei der thermischen Stimulation am Widerrist zeigt, dass der nozizeptive Schwellenwert besser identifizierbar ist, wenn die Heizrate von 0,85 °C/s auf 0,5 °C/s oder 0,2 °C/s reduziert wird, wobei die niedrigste Heizrate bei einigen Pferden zu Unruhe führt (LOVE et al. 2008). POLLER et al. (2013a) erreichten eindeutig erkennbare nozizeptive Schwellenwerte ohne Schädigung von tieferen Hautschichten mit Heizraten von 0,6 °C/s für Stimulationen am Widerrist und 0,8 °C/s für Stimulationen an der Nüster. Bei niedrigeren Heizraten führte die Stimulation an den Nüstern zu Verbrennungen der Haut.
Die häufigste Reaktion bei der thermischen Stimulation am Widerrist ist der Pannikulusreflex, deutlich seltener kommt es dagegen zu bewussten Reaktionen wie einem Schütteln des ganzen Körpers oder einem Drehen des Kopfes zum Stimulus (POLLER et al. 2013a).

Viele Nachteile der üblichen thermischen Stimulationsmethoden können überwunden werden, indem man einen CO_2-Laser als Wärmequelle nutzt. Durch die monochromatische und lange Wellenlänge kommt es zu einer fast vollständigen Absorption der thermischen Energie unabhängig vom Pigmentierungsgrad der Haut (LE BARS et al. 2001). Weitere Vorteile der Stimulation mittels CO_2-Laser sind ein Aufbringen von thermischer Energie ohne Kontakt des Heizelementes mit der Haut, eine konstante Applikation des Stimulus, sowie eine mögliche sofortige Beendigung des Reizes (FARNWORTH et al. 2013).

2.2.2.2 Mechanische Stimulation

Mithilfe der mechanischen Stimulationsmethode kann ein somatischer Schmerz erzeugt werden, indem über ein genau definiertes Hautareal ein bestimmter Druck ausgeübt wird oder es kann mittels der Ausdehnung eines Hohlorgans ein viszeraler Schmerz verursacht und die Reaktion beurteilt werden (LOVE et al. 2011).
Mechanische Stimulationsmethoden, die im normalen Praxisalltag beim Pferd häufig vorkommen, wie zum Beispiel die Nutzung einer Hufzange, sind Methoden, die auf einer subjektiven Bewertung beruhen (LOVE et al. 2011). Bei experimentell genutzten Geräten zur Evaluierung eines mechanischen nozizeptiven Schwellenwertes ist es notwendig, dass die Kraft, die eingesetzt wird bis man eine Antwort auf einen schmerzhaften Stimulus erhält, objektiv gemessen werden kann.

Die Messung der mechanischen nozizeptiven Schwellenwerte mithilfe der „von Frey Monofilamente“ ist, wie bereits beschrieben, eine der ältesten mechanischen Stimulationsmethoden, wobei die neueren „Semmes Weinstein Monofilamente“ synthetisch aus Nylon in standardisierten Längen und Stärken hergestellt werden (BOVE 2006).

Von CHAMBERS et al. (1990) wurde für Pferde ein mechanisches Stimulationsmodell modifiziert, welches bereits zuvor für Schafe genutzt wurde (NOLAN et al. 1987). Dieses Gerät wird fest am Röhrbein des Pferdes mithilfe einer Manschette befestigt, sodass ein stumpfer Pin in Kontakt mit der Haut im dorsalen Bereich des Röhrbeins steht. Durch den Pin wird Druck mit steigender Intensität auf die Gliedmaße des Pferdes gebracht bis es zu einer deutlichen Antwort auf den mechanischen Stimulus kommt, der dann sofort terminiert wird. Als deutliche Antwort auf den mechanischen Stimulus an der Gliedmaße wird zum Beispiel das Heben der Gliedmaße gewertet (LOVE et al. 2011). Von CHAMBERS et al. (1990) wird beschrieben, dass es bei wiederholten Messungen über mehrere Wochen aufgrund von erlerntem Verhalten zu einer Erniedrigung der Schwellenwerte kommen kann. Bei dieser Beobachtung ist zu bedenken, dass die Pferde in der Studie von CHAMBERS et al. (1990) während der nozizeptiven Messungen am Halfter fixiert worden sind und sich somit nicht frei beweglich in einer ungestörten Umgebung befanden.

Eine andere Methode um mechanische nozizeptive Schwellenwerte zu erheben, ist die Stimulation mithilfe eines Algometers (HAUSSLER u. ERB 2006). Da die Messungen mittels Algometer allerdings selbstständig „per Hand“ durchgeführt werden müssen, birgt diese Methode den Nachteil, dass man während des Messvorganges relativ nahe an die Pferde herantreten muss, sie dafür unter Umständen fixieren muss und die Messungen somit nur schwierig in einer ungestörten gewohnten Umgebung der Pferde durchzuführen sind.

Um mechanische nozizeptive Schwellenwerte für viszerale Schmerzen evaluieren zu können, wurden verschiedene Methoden entwickelt, die mittels einer Dehnung von Hohlorganen einen Kolik-ähnlichen Schmerz simulieren sollen (LOVE et al. 2011). Die Dehnung des Hohlorgans wird mithilfe eines Ballons erreicht, welchen man in das Hohlorgan einbringt und dann den Druck innerhalb des Ballons misst und solange erhöht bis das Tier eine deutliche schmerzhafte Antwort auf den Dehnungsreiz zeigt. Der Ballon kann transrektal in das Rektum eingeführt und im colorektalen Bereich platziert werden (SKARDA u. MUIR 2003; ROBERTSON et al. 2005a; SANCHEZ u. MERRITT 2005; SANCHEZ et al. 2007), über eine Magensonde ins Duodenum eingebracht werden (MERRITT et al. 2002; ROBERTSON et al. 2005a; SANCHEZ et al. 2007) oder über einen chirurgischen Zugang im Zäkum wirken (PIPPI u. LUMB 1979). Bei der colorektalen Dehnung wird der Stimulus terminiert und der vorliegende Druck als Schwellenwert definiert, wenn das Pferd den Ballon aus dem Rektum ausgetrieben hat oder Zeichen von allgemeinem Unbehagen zeigt (ROBERTSON et al. 2005a; SANCHEZ u. MERRITT 2005; SANCHEZ et al. 2007). Bei der duodenalen Dehnung werden klinische Anzeichen von Kolik oder allgemeinem Unbehagen als Endpunkt definiert (ROBERTSON et al. 2005a; SANCHEZ et al. 2007). Der Nachteil dieser Methode ist, dass das Verhalten bei abdominalen Schmerzen von Pferd zu Pferd sehr verschieden, unspezifisch und schwer zu bewerten ist (LOVE et al. 2011) und daher auch ein klarer Endpunkt nur schwer zu definieren ist.

Ein limitierender Faktor der meisten mechanischen Messmethoden ist laut LE BARS et al. (2001), dass es mit konventionellen Methoden nicht möglich ist Stimuli zu erzeugen, die kurz und schnell genug sind um eine synchrone Erregung der Nervenfasern zu erreichen.

2.2.2.3 Elektrische Stimulation

Die elektrische Stimulation zur Evaluierung nozizeptiver Schwellenwerte ist eine Methode, die gut quantifizierbar und reproduzierbar ist (LE BARS et al. 2001). Beim Pferd kann die elektrische Stimulation beispielsweise an einer Gliedmaße vorgenommen werden (LUNA et al. 2015; RISBERG et al. 2015). Diese Methode ist einfach in der Anwendung, zeigt eine ausreichend hohe Sensitivität und Spezifität, ist zuverlässig und die Reaktionen auf den schmerzhaften Stimulus sind deutlich erkennbar und leicht zu interpretieren (LUNA et al. 2015).

Ein Nachteil der elektrischen Stimulation ist, dass elektrische Stimuli keine natürlichen in der Umwelt vorkommenden Reize sind und dass bei intensiven elektrischen Stimuli unspezifisch alle peripheren Fasern erregt werden. Die elektrischen Schwellenwerte der einzelnen Fasern hängen von ihrem Durchmesser ab, sodass bei Stimulation eines kutanen Nerven zunächst die Aβ-, dann die Aδ- und zuletzt die C-Fasern aktiviert werden (LE BARS et al. 2001). Wenn man einen elektrischen Stimulus an einem distalen Teil des Körpers anwendet, kann der von Aδ-Fasern weitergeleitete „first pain“ komplett verschwunden sein bevor der durch

die C-Fasern mediierte „second pain“ auftritt. Dadurch ist es möglich, mit bestimmten Messprotokollen die Effektivität von Schmerzmitteln sowohl auf den schnellen als auch auf den langsamen Schmerz zu ermitteln (COOPER et al. 1986).
Die Antworten, die eine elektrische Stimulation hervorruft, können sehr vielfältig sein und reichen von spinalen Reflexen über Vokalisierung bis zu komplexen Verhaltensweisen (LE BARS et al. 2001).

2.2.2.4 Chemische Stimulation

Die chemische Stimulation stellt eine langsame Form der Stimulation dar und unterscheidet sich deutlich von den anderen Formen. Sie ist progressiv, von längerer Dauer und – sobald appliziert - durch einen unausweichlichen Charakter gekennzeichnet. Der entscheidende Unterschied im Vergleich zu den anderen Stimulationsformen ist, dass bei einer chemischen Stimulation kein wirklicher Schwellenwert gemessen werden kann, sondern eher eine Bewertung des Verhaltens in Abhängigkeit von der Zeit erfolgt (LE BARS et al. 2001). Laut LE BARS et al. (2001) ist die chemische Stimulation das Modell, welches den natürlichen klinischen Schmerz am besten imitiert. Aufgrund der Unmöglichkeit einen applizierten Stimulus nach sichtbarer Reaktion des Tieres zu terminieren, stellt die chemische Stimulation, vor allem aus ethischer Sicht, jedoch das am wenigsten geeignete Modell dar.

2.2.3 Einflussfaktoren und Grenzen nozizeptiver Messmethoden

Es gibt eine Vielzahl an Faktoren, die sich störend auf die nozizeptiven Messmethoden auswirken können. So führen zum Beispiel veränderte Umweltbedingungen, wie eine neue und fremde Umgebung, zu verlängerten Reaktionszeiten auf noxische Stimuli (LE BARS et al. 2001). Auch POLLER et al. (2013a) finden heraus, dass thermische nozizeptive Schwellenwerte nicht konstant und verlässlich sind, wenn die Pferde während der Messungen nicht in ihren gewohnten Boxen verbleiben, sondern über einen längeren Zeitraum in Zwangsständen stehen müssen. Des Weiteren stellen bei der Ermittlung von nozizeptiven Schwellenwerten die Lokalisation der Stimulation, die Stimulationsrate und weitere das Tier umgebende Umweltfaktoren wichtige Einflussgrößen dar (POLLER et al. 2013a). So kann zum Beispiel der Pannikulusreflex als definierter Endpunkt unter Umständen Schwierigkeiten bereiten, wenn es aufgrund der Jahreszeit oder der geografischen Gegebenheiten zu einem vermehrten

Insektenbefall kommt. In solchen Fällen sollte man versuchen den störenden Faktor weitestgehend mithilfe von Fliegendecken und Repellentien zu minimieren (LOVE et al. 2011).

Einen überaus wichtigen Parameter stellt die Umgebungstemperatur dar. Es ist beschrieben, dass bei niedrigen Umgebungstemperaturen (<10 °C) die Temperatur der Haut niedriger ist und die thermischen nozizeptiven Schwellenwerte bei Messungen am Widerrist oder an der Nüster deutlich erhöht sind (POLLER et al. 2013a). Auch auf die mechanische Stimulation hat die Umgebungstemperatur einen Einfluss. Bei Studien an Schafen kam es bei Umgebungstemperaturen unter 8°C zu deutlich erhöhten Schwellenwerten. Vermutlich hängt dies mit einer Vasokonstriktion in der Haut und einer Ischämie der kleinen Nervenfasern zusammen (CHAMBERS et al. 1994).

Es ist des Weiteren vorstellbar, dass die periphere Perzeption eines Stimulus durch inter- und intraindividuelle Unterschiede von Hautdicke und Blutfluss (MONTEIRO-RIVIERE et al. 1990), durch den Grad der Bedeckung der Haut mit Haaren und die epidermale Pigmentierung (PRINGLE et al. 1999), sowie durch die Verteilung, die Dichte und die Tiefe von Nozizeptoren (LOVE et al. 2011) beeinflusst werden kann. Aufgrund der vermutlich teilweise großen interindividuellen Unterschiede scheint es von Nöten zu sein, die Methodik zur Bestimmung des nozizeptiven Schwellenwertes für jede Spezies einzeln zu evaluieren und an die einzelnen Spezies zu adaptieren.

Eine entscheidende Einflussgröße bei der Beurteilung des nozizeptiven Schwellenwertes stellt die Lokalisation der Stimulation dar (LOVE et al. 2011; POLLER et al. 2013a). KAMERLING et al. (1985b) stellen fest, dass die Stimulation im Bereich des Widerristes eine sensitivere Methode zur Beurteilung des antinozizeptiven Effektes von Opioiden darstellt als die Stimulation im Bereich der Gliedmaße, da die Beurteilung des Endpunktes bei Stimulation der Gliedmaße gegebenenfalls nicht von einer Opioid-induzierten erhöhten motorischen Aktivität differenziert werden kann. Bei einem Vergleich von thermischer Stimulation an der Nüster, am Widerrist und am Kronsaum zeigt sich nach Stimulation am Widerrist die deutlichste und am einfachsten zu identifizierende Reaktion, da hierbei der noxische Stimulus in 82,9 % der Fälle über einen Reflexbogen in eine sichtbare Reaktion (Pannikulusreflex) umgesetzt wird. Die thermische Stimulation des Kronsaumes hat dagegen die geringste Beständigkeit und produziert keine konstanten Reaktionen auf die noxischen Reize (POLLER et al. 2013a). POLLER et al. (2013a) vermuten, dass

dies mit der Dicke der Haut, der erhöhten Haardichte und einer niedrigeren Durchblutung im Bereich des Kronsaumes in Zusammenhang stehen könnte.
In einer Studie von LUNA et al. (2015) sind verschiedene Messmodalitäten und unterschiedliche Messlokalisationen verglichen worden. Die thermische Stimulation am Widerrist wird hierbei als die Methode mit der niedrigsten Sensitivität und der niedrigsten Übereinstimmung zwischen zwei Beobachtern (interobserver agreement) beschrieben. Die mechanische Stimulation im Bereich des dorsalen Metakarpus zeigt dagegen die höchste Sensitivität und Spezifität und eine 100%ige Übereinstimmung zwischen zwei Beobachtern (LUNA et al. 2015).
Ein großer limitierender Faktor der nozizeptiven Messmethoden ist, dass der experimentell erzeugte Stimulus nicht mit dem durch klinischen Schmerz erzeugten Stimulus gleichzusetzen ist und dadurch gewisse analgetische Effekte durch experimentelle Studien nicht aufgedeckt werden können (STEAGALL et al. 2007; LOVE et al. 2011).
Für Menschen ist beschrieben, dass Frauen niedrigere nozizeptive Schwellenwerte aufweisen als Männer (KLATZKIN et al. 2010). Bei Pferden ist der Einfluss vom Geschlecht, vom Kastrationsstatus und vom Zyklusstand der Stute auf die nozizeptiven Schwellenwerte noch nicht ausreichend erforscht (LOVE et al. 2011). Einige Autoren haben ihre Messungen bei Stuten in die Phase des Diöstrus gelegt, da veränderte Verhaltensweisen im Östrus die Messungen erschweren könnten (SANCHEZ et al. 2007), andere wiederum erwähnen den Zyklusstand der Stuten nicht (ROBERTSON et al. 2005a).
Zusammenfassend erscheint es sinnvoll, individuell zu entscheiden, welche Messmodalität am besten für die jeweilige Fragestellung geeignet ist.

2.3 Opioide

Als Opioide werden alle Substanzen bezeichnet, die spezifisch an Opioid-Rezeptoren binden, unabhängig davon ob es natürliche, halbsynthetische, synthetische oder endogene Stoffe sind (KAMERLING 1993; CLARK u. CLARK 1999). Opioide gehören zu den am stärksten wirksamen und effizientesten Analgetika (CARREGARO et al. 2007), wobei ihr Einsatz in der Veterinärmedizin vor allem im prä-, peri- und postoperativen Schmerzmanagement stattfindet (BENNETT u. STEFFEY 2002). Häufig stellen Opioide einen Teil der sogenannten „balancierten Anästhesie“ dar, bei der es durch die Kombination verschiedener Stoffe zu einem dosissparenden Effekt der einzelnen Medikamente und damit zu einer Minimierung der nicht erwünschten Nebeneffekte kommt (BENNETT u. STEFFEY 2002). Das Verständnis der Opioid-Analgesie ist in der Veterinärmedizin in den letzten Jahren gestiegen, wobei es für das Pferd vergleichsweise wenig neue Erkenntnisse gibt (CLUTTON 2010).

Systemisch applizierte Opioide haben einen nachgewiesenen analgetischen Effekt beim Pferd (BENNETT u. STEFFEY 2002). Sie wirken im zentralen Nervensystem (ZNS) auf bestimmte Opioidrezeptoren und reduzieren oder verhindern die Schmerzwahrnehmung (PIPPI u. LUMB 1979). Bislang ist der Einsatz von Opioiden beim Pferd im Vergleich zur Human- oder Kleintiermedizin begrenzt, da die analgetische Wirkung häufig durch negative Wirkungen in Form von einer erregenden Komponente und einer vermehrten lokomotorischen Stimulation begleitet wird (TOBIN et al. 1979b; PASCOE et al. 1991; MAMA et al. 1993; BENNETT u. STEFFEY 2002; CARREGARO et al. 2007). Der Grund, warum Pferde um ein Vielfaches empfindlicher und empfänglicher für die erregenden Effekte der Opioide sind, ist bislang nicht ausreichend geklärt (HELLYER et al. 2003). Hinzu kommt, dass Daten bezüglich Potenz und Pharmakokinetik für das Pferd nur vereinzelt vorliegen und aufgrund dessen Dosisangaben für das Pferd teilweise von anderen Tierarten extrapoliert worden sind (LOVE et al. 2011).

2.3.1 Klassifizierung der Opioide

Opioide entfalten ihre Wirksamkeit, indem sie mit spezifischen Opioid-Rezeptoren interagieren (KAMERLING 1993). Aufgrund ihrer unterschiedlichen Wirksamkeit an den verschiedenen Rezeptoren kann eine Klassifizierung in reine Agonisten, partielle Agonisten, Agonisten-Antagonisten und Antagonisten vorgenommen werden (CLARK u. CLARK 1999). Die Potenz eines Opioids korreliert streng mit seiner Affinität für den jeweiligen Rezeptor (KAMERLING 1993), wobei eine oder mehrere Gruppen von spezifischen Opioid-Rezeptoren aktiviert oder gehemmt werden können (YAKSH 1997).

Opioid-Rezeptoren sind im Gehirn und im Rückenmark, sowie in peripheren Strukturen, wie unter anderem in der Haut, im Bereich des Gastrointestinaltraktes oder auch in synovialen Strukturen, lokalisiert (TOBIN et al. 1979b; CLARK u. CLARK 1999; SHEEHY et al. 2001; BOSCAN et al. 2006). Die höchsten Konzentrationen treten im Bereich von Synapsen auf (LUTZ u. PFISTER 1992). Allerdings ist die Verteilung und Lokalisation der Rezeptoren kein statisches

Geschehen, sondern vielmehr abhängig von der jeweiligen Aktivität (WILLIAMS et al. 2001).

Es existieren drei Hauptgruppen von Opioid-Rezeptoren, die μ-, κ- und δ-Rezeptoren (DHAWAN et al. 1996; YAKSH 1997; CLARK u. CLARK 1999), wobei alle drei Rezeptortypen analgetische Eigenschaften aufweisen (CHABOT-DORE et al. 2015). Des Weiteren wird von einem ORL (Opioid Receptor-Like) –Protein berichtet, welches genetisch eine große Ähnlichkeit mit den Opioidrezeptoren aufweist (MOLLEREAU et al. 1994; DHAWAN et al. 1996). Funktionelle und physikalische Wechselwirkungen zwischen den verschiedenen Rezeptorsubtypen sind bekannt, wobei es zu Homo- als auch zu Heterodimerisierungen innerhalb der Gruppe der Opioidrezeptoren kommt (GOMES et al. 2000; GOMES et al. 2004; PRINSTER et al. 2005).

Der klassische μ-Rezeptor-Agonist hat bei den meisten Tieren eine analgetische und sedierende Wirkung und löst eine respiratorische Depression aus (KAMERLING et al. 1989), wobei es zwischen den verschiedenen μ-Agonisten große Unterschiede bezüglich ihrer Potenz gibt (KAMERLING 1993). Des Weiteren werden den μ-Agonisten Effekte wie Bradykardie, Miosis und eine antikonvulsive Wirkung am Gastrointestinaltrakt zugeschrieben (KAMERLING et al. 1989). In Bezug auf den Einfluss der Opioide auf die Thermoregulation sind kontroverse Beobachtungen publiziert, wobei in Abhängigkeit von der Tierart und der Außentemperatur μ-Agonisten sowohl zu einer Hypo- als auch zu einer Hyperthermie führen können (CLARK 1979; KAMERLING et al. 1985a; ADLER et al. 1988; KAMERLING et al. 1989).

Beim erwachsenen Pferd ist der sedierende bis hypnotisierende Effekt von μ-Agonisten in therapeutischen Dosierungen nicht nachzuvollziehen. Es zeigen sich dagegen vielmehr paradoxe Erregungserscheinungen sowie eine Stimulation des Sympathikus und des zentralen Nervensystems. Bei Einsatz von hohen Dosierungen kann es zu Muskeltremor, Ataxie und deutlicher zentraler Depression bis zum Niederlegen der Pferde kommen (KAMERLING 1993). Die möglicherweise auftretende zentral ausgelöste lokomotorische Stimulation sowie der mögliche hemmende Effekt auf die intestinale Motilität sind wahrscheinlich die zwei wichtigsten Faktoren, aufgrund derer häufig ein nur zurückhaltender Einsatz von Opioiden beim Pferd stattfindet.

Eine genauere Differenzierung zeigt, dass die atemdepressive Wirkung hauptsächlich über eine Aktivierung der µ2-Rezeptoren im medullären Atemzentrum, die supraspinale Analgesie dagegen vor allem über eine Aktivierung der µ1-Rezeptoren vermittelt ist (CLARK u. CLARK 1999).
Die beschriebenen Effekte können durch Naloxon, einen µ-Antagonisten, gehemmt werden (KAMERLING et al. 1989).

2.3.2 Wirkmechanismus

Opioide entfalten ihre Wirkung, indem sie eine sättigbare Bindung mit Opioidrezeptoren eingehen, welche im Rückenmark und im Gehirn, sowie in peripheren Organen vorhanden sind (KAMERLING 1993; CLARK u. CLARK 1999). Opioidrezeptoren sind sowohl in prä- als auch in postsynaptischen Bereichen lokalisiert und wirken über verschiedenste Mechanismen regulierend auf die neuronale Aktivität (ARVIDSSON et al. 1995; AICHER et al. 2000).
Die Opioid-Rezeptoren gehören zur Gruppe der transmembranen G-Protein-gekoppelten Rezeptoren (MOLLEREAU et al. 1994; PRINSTER et al. 2005). Die Besetzung eines Opioidrezeptors mit einem Agonisten führt klassischerweise zu einer Vielzahl an Ereignissen, die mit einer Konformationsänderung des Rezeptors und der Aktivierung einer intrazellulären Signalkaskade einhergehen und die alle zum Ziel haben die Aktivität des Neurons zu unterdrücken (YAKSH 1997; PRINSTER et al. 2005; PENNOCK et al. 2012). Vereinfacht dargestellt haben µ-Agonisten durch die Stimulation von G-Proteinen einen hemmenden Einfluss auf die Bildung von zyklischem AMP (Adenosinmonophosphat), inhibieren die Kalziumleitfähigkeit und führen durch die Öffnung von postsynaptischen Kalium-Kanälen zu einer Membranhyperpolarisation der nozizeptiven Neurone und somit zu einer Hemmung der Weiterleitung des Schmerzes (YAKSH 1997; WILLIAMS et al. 2001; HELLYER et al. 2003). Durch die Hemmung der Bildung von zyklischem AMP wird die Amplitude eines spannungsabhängigen einwärtsgerichteten Stroms gesenkt, was wiederum in einer erniedrigten Erregbarkeit resultiert (WILLIAMS et al. 2001).
Des Weiteren wird die Transmission des Schmerzes moduliert, indem durch aktivierte µ-Rezeptoren die präsynaptische Freisetzung von exzitatorischen Neurotransmittern, wie Substanz P, gehemmt wird (YAKSH et al. 1980; KAMERLING 1993; AICHER et al. 2000; HELLYER et al. 2003; BEAUDRY et al. 2011).

2.3.3 Fentanyl

Fentanyl ist ein kurzwirksames Analgetikum aus der Gruppe der Opioide, welches als vollsynthetischer Agonist am µ-Rezeptor wirkt (KAMERLING et al. 1989; EBERSPACHER et al. 2008). Im Vergleich zu Morphin hat es eine höhere Wirkungspotenz (etwa 150 – 200 fach), jedoch eine deutlich kürzere Wirkdauer (HARKINS u. TOBIN 1999; KNYCH et al. 2015b).

Zum derzeitigen Zeitpunkt gibt es kein in Deutschland zugelassenes Präparat für Pferde, welches den Wirkstoff Fentanyl beinhaltet. Fentanyl befindet sich im Anhang der Verordnung (EG) Nr. 122/2013 zur Erstellung eines Verzeichnisses von für die Behandlung von Equiden wesentlichen Stoffen. Das bedeutet, Fentanyl darf unter bestimmten Umständen beim lebensmittelliefernden Pferd eingesetzt werden, ist dann allerdings mit einem Eintrag im Equidenpass und einer Wartezeit von 6 Monaten verbunden.

2.3.3.1 Zentrale Wirkungen

2.3.3.1.1 Lokomotorische Stimulation

Opioide verursachen beim Pferd eine dosisabhängige Stimulation des ZNS sowie eine dosisabhängige Erhöhung des Muskeltonus und der lokomotorischen Aktivität (COMBIE et al. 1981; BENNETT u. STEFFEY 2002). Die durch die intravenöse Gabe von Fentanyl ausgelöste lokomotorische Aktivität ist von kurzer Dauer, besitzt eine hohe Reproduzierbarkeit und wird vorrangig durch die Umverteilung des Fentanyls in die verschiedenen Kompartimente des Körpers terminiert (COMBIE et al. 1981).

Nach intravenöser Applikation von Fentanyl in verschiedenen Dosierungen (2,5 µg/kg, 5 µg/kg, 10 µg/kg) zeigt sich eine dosisabhängige lineare Erhöhung der lokomotorischen Aktivität (KAMERLING et al. 1985a). Die Gabe von Fentanyl in steigenden Dosierungen (5 µg/kg, 10 µg/kg, 20 µg/kg) führt sowohl zu einer verlängerten Dauer der lokomotorischen Stimulation als auch zu einer gesteigerten Rate an Schritten pro Zeiteinheit (TOBIN et al. 1979b). In einer Dosierung von 1 µg/kg Fentanyl lässt sich kein Effekt auf die Lokomotion nachweisen. Nach intravenöser Gabe von 40 µg/kg Fentanyl zeigt sich keine weitere Erhöhung der messbaren lokomotorischen Aktivität im Vergleich zu einer Dosierung von 20 µg/kg, allerdings kommt es zu ataktischen Bewegungen, zum Schwanken und teilweise zum Niedergehen der Pferde (TOBIN et al. 1979b). Der Grad der lokomotorischen Stimulation erreicht innerhalb von vier Minuten (TOBIN et al. 1979b; KAMERLING et al. 1985a), bzw. innerhalb von 10 Minuten (COMBIE et al. 1981; MAMA et al. 1993) nach der Fentanylgabe seinen Höchstpunkt. Nach einer einmaligen intravenösen Gabe von 10 µg/kg Fentanyl ist ein signifikanter, etwa dreifacher Anstieg der Schritt-Frequenz über eine Zeitdauer von 24 Minuten im Vergleich zur Kontrollgruppe zu beobachten (KAMERLING et al. 1985a). Nach der Gabe von 20 µg/kg Fentanyl ist eine 20 minütige signifikante Schrittzahlerhöhung beschrieben (MAMA et al. 1993). Bei wiederholter intravenöser Gabe von Fentanyl (20 µg/kg) im Abstand von 90 Minuten zeigt sich, dass die gesteigerte Lokomotion eine hohe Reproduzierbarkeit aufweist und jeweils eine etwa 25-fache Erhöhung der Schrittzahl im Vergleich zum Nullwert darstellt (COMBIE et al. 1981). Die deutliche Erhöhung der lokomotorischen Aktivität nach intravenöser Gabe von Fentanyl (20 µg/kg) lässt sich durch die Prämedikation mit Naloxon (15 µg/kg intravenös), einem µ-Antagonisten, nahezu vollständig blockieren, wobei auch 6 Stunden nach Naloxongabe noch eine Reduktion der erhöhten Lokomotion um etwa 50 % vorliegt. Nach Prämedikation mit Azepromazin (0,1 mg/kg intravenös), einem Dopamin-D2-Antagonisten, kommt es zu einer partiellen, etwa 6 Stunden lang andauernden Reduktion der durch Fentanyl ausgelösten lokomotorischen Stimulation (COMBIE et al. 1981). Der gleiche Effekt ist für die Prämedikation mit Azepromazin (0,05 mg/kg intravenös) vor Gabe von Alfentanil (0,02 mg/kg intravenös) beschrieben (PASCOE u. TAYLOR 2003). Aufgrund dieser Beobachtungen liegt die Vermutung nahe, dass neben den Opioidrezeptoren auch dopaminerge Rezeptoren bei der durch Opioide ausgelösten lokomotorischen Stimulation beteiligt sind. Allerdings kommt es bei Prämedikation mit Pentazocin (2 mg/kg i.v.), einem µ-Antagonisten und κ-Agonisten, nicht zu einer durch Fentanyl ausgelösten Erhöhung der lokomotorischen Aktivität. Dies deutet darauf hin, dass durch das Pentazocin alle Rezeptoren besetzt werden, welche zu einer durch Fentanyl induzierten lokomotorischen Stimulation führen (COMBIE et al. 1981). Durch die Gabe von Apomorphin, einem Dopamin-D2-Rezeptor-Agonisten, kommt es zu einer dosisabhängigen gesteigerten lokomotorischen Aktivität. Hierbei ist nach intravenöser Gabe von Apomorphin (30 mg) eine höhere Anzahl an Schritten pro Zeiteinheit (150 Schritte pro 2-minütiger Periode) messbar als durch steigende Fentanyldosierungen erreichbar (maximal erreichbare Werte von etwa 110 Schritten pro 2-minütiger Periode) (TOBIN et al. 1979b). Die maximal erreichbare erhöhte lokomotorische Stimulation durch Fentanyl ist gegebenenfalls durch die ab einer gewissen Dosis entstehende Ataxie limitiert, die zum Niedergehen der Tiere führen kann (TOBIN et al. 1979b). Schlussfolgernd lässt sich sagen, dass die Aktivierung von Opioid-Rezeptoren möglicherweise eine dopaminerge Stimulation auslöst, wodurch sich die Effekte der zuvor diskutierten verschiedenen Medikamente auf die lokomotorische Aktivität erklären lassen könnten (COMBIE et al. 1981). Erwähnenswert ist, dass weder durch den Dopamin-D1-Antagonisten NNC 01-0756, noch durch den Dopamin-D2-Antagonisten Eticlopride, die Alfentanil-induzierte lokomotorische Stimulation gehemmt werden kann (PASCOE u. TAYLOR 2003). Es ist allerdings bekannt, dass es verschiedene Dopamin-D2-Rezeptorsubtypen gibt, wobei eine der beiden Isoformen einen präsynaptischen Autorezeptor darstellt, welcher die Opioid-induzierte Dopamin-Freisetzung kontrolliert. Möglicherweise wirkt das Eticlopride nicht an dieser speziellen Rezeptorsubgruppe, was den nicht vorhandenen hemmenden Effekt auf die Alfentanil-induzierte motorische Stimulation erklären könnte (ROUGE-PONT et al. 2002).

Vergleicht man die verschiedenen Opioidrezeptoragonisten miteinander, zeigen μ-Agonisten im Vergleich zu verschiedenen κ-Agonisten eine deutlich stärker ausgeprägte lokomotorische Stimulation (KAMERLING et al. 1986; MAMA et al. 1993; BENNETT u. STEFFEY 2002). Auch die Wechselwirkungen von μ- und κ-Agonisten auf die lokomotorische Aktivität sind untersucht worden. Hierbei kommt es bei Kombination von dem κ-Agonisten U50,488H mit Fentanyl zu einem früheren Einsetzen der lokomotorischen Stimulation im Vergleich zur alleinigen Gabe eines der beiden Medikamente. Des Weiteren zeigt sich bei der Kombination von U50,488H mit Fentanyl (20 μg/kg i.v.) eine signifikant verlängerte Dauer der erhöhten lokomotorischen Aktivität über insgesamt 40 Minuten. Nach Gabe dieser Kombination kam es bei zwei von sechs Pferden zum Niedergehen, die anderen zeigten eine deutliche Ataxie (MAMA et al. 1993).

Bei subkutaner Applikation von Fentanyl (20 μg/kg) ist der stimulierende Effekt auf die lokomotorische Aktivität im Vergleich zum intravenösen Applikationsweg verzögert, unbeständig und weniger stark ausgeprägt (TOBIN et al. 1979b).

Auch Fohlen zeigen nach Gabe von steigenden Fentanyldosierungen (4 μg/kg, 8 μg/kg, 16 μg/kg, 32 μg/kg i.v.) eine dosisabhängige lokomotorische Stimulation, welche jedoch mit einem hohen Grad an individueller Variabilität einhergeht. In niedrigeren Dosisbereichen (2 μg/kg) lässt sich eine verminderte lokomotorische Aktivität beobachten, was gewiss auf den in niedrigen Dosierungen bei Fohlen vorherrschenden sedierenden Effekt zurückzuführen ist (KNYCH et al. 2015a).

In einer Studie von WETMORE et al. (2016) konnte ein genetischer Polymorphismus des µ-Rezeptors als Einflussfaktor auf den Grad der lokomotorischen Stimulation nach Fentanylgabe beim Pferd nachgewiesen werden. Pferde mit heterozygotem G57C Rezeptor-Polymorphismus zeigen eine signifikant stärker ausgeprägte lokomotorische Stimulation nach der Gabe von Fentanyl im Vergleich zu Pferden, welche den Polymorphismus nicht aufweisen (WETMORE et al. 2016).

2.3.3.1.2 Antinozizeptive Effekte

Bislang gibt es verhältnismäßig wenig publizierte Studien, die sich mit dem antinozizeptiven Effekt von Fentanyl beim Pferd beschäftigt haben. Es handelt sich hierbei vorrangig um experimentelle Studien, die die antinozizeptive Wirksamkeit von Fentanyl bei „Schmerz-freien" Pferden untersucht haben.
Eine der ersten experimentellen Studien mit dem Ziel, die antinozizeptiven Eigenschaften von Fentanyl beim Pferd zu evaluieren, beschreibt nach intravenöser Gabe von Fentanyl (220 µg/kg) einen analgetischen Effekt, welcher mittels thermischer Stimulation (Strahlungswärme) an der Gliedmaße erhoben wurde. Die antinozizeptiven Effekte von Fentanyl in der gleichen Dosierung (220 µg/kg i.v.) bei Anwendung eines Modells zur Simulation von tiefem und viszeralem Schmerz wurden ebenfalls evaluiert. Hier stellt sich der antinozizeptive Effekt von Fentanyl wenig potent dar, vor allem für das viszerale Schmerzmodell zeigt Fentanyl bei alleiniger Gabe keine ausreichende analgetische Wirksamkeit (PIPPI u. LUMB 1979). Nach intravenöser Gabe von Fentanyl in verschiedenen Dosierungen (2,5 µg/kg, 5 µg/kg, 10 µg/kg) wird eine signifikante dosisabhängige Verlängerung der Latenzzeit des Pannikulusreflexes, nicht jedoch der Latenzzeit des Huf-Rückzug-Reflexes, für alle drei Dosierungen nachgewiesen (KAMERLING et al. 1985a; KAMERLING et al. 1985b). Hierbei kommt es nach intravenöser Applikation von 10 µg/kg Fentanyl zu einem etwa 20 Minuten andauernden antinozizeptiven Effekt (KAMERLING et al. 1985a). Der Autor betont an dieser Stelle, dass die Messung der Latenzzeit des Pannikulusreflexes nach Gabe von Opioiden eine sensitivere Messmethode im Vergleich zu der Erhebung der Latenzzeit des Huf-Rückzug-Reflexes darstellt, da die durch Opioide möglicherweise ausgelöste motorische Stimulation mit der Interpretation des Huf-Rückzug-Reflexes interferieren kann (KAMERLING et al. 1985b).

Die analgetische Wirksamkeit nach einmaliger Fentanylgabe ist somit von kurzer zeitlicher Dauer und ungefähr gleich lang ausgeprägt wie die erhöhte motorische Stimulation (KAMERLING et al. 1989).
Der mögliche somatische und viszerale antinozizeptive Effekt von Fentanyl bei Anwendung als Dauertropfinfusion (DTI) wurde von SANCHEZ et al. (2007) untersucht. Eine signifikante somatische oder viszerale antinozizeptive Wirksamkeit konnte hierbei nicht evaluiert werden, jedoch eine kurzwährende Erhöhung der thermischen nozizeptiven Schwellenwerte bei Einsatz der höchsten hier angewandten DTI-Rate (für jeweils 5 Minuten 640 ng/kg/min, 320 ng/kg/min und 160 ng/kg/min, dann für die restlichen 105 Minuten 80 ng/kg/min). Erwähnenswert ist in diesem Zusammenhang, dass für die Erhebung der thermischen nozizeptiven Schwellenwerte ein „cut-out“-Wert von 45 °C bestimmt wurde (SANCHEZ et al. 2007). In anderen Studien liegen diese „cut-out“-Werte für nozizeptive Messungen am Widerrist zwischen 52°C und 60°C und somit deutlich höher (ROBERTSON et al. 2005a; LOVE et al. 2012; POLLER et al. 2013b; LOPES et al. 2016).

Analgetisch wirksame Plasmaspiegel für Fentanyl sind zum derzeitigen Zeitpunkt nicht in ausreichender Form für das Pferd evaluiert. Bei einer mittleren Plasmakonzentration von 7,82 ± 2,10 ng/ml kommt es zu einer deutlichen, jedoch nicht signifikanten Erhöhung der thermischen nozizeptiven Schwellenwerte. Befinden sich die Fentanylplasmakonzentrationen zwischen 5 und 6 ng/ml sind die thermischen Schwellenwerte nicht deutlich erhöht, jedoch größer als der Nullwert (SANCHEZ et al. 2007). Bei Menschen und auch Kleintieren liegen die analgetisch wirksamen Fentanyl-Plasmaspiegel im Vergleich zum Pferd deutlich niedriger (GOURLAY et al. 1988; PENG u. SANDLER 1999; ROBINSON et al. 1999; ROBERTSON et al. 2005b).

2.3.3.1.3 Verhalten

Beim erwachsenen Pferd ist der sedierende bis hypnotisierende Effekt von µ-Agonisten in therapeutischen Dosierungen nicht nachzuvollziehen. Es zeigen sich dagegen vielmehr paradoxe Erregungserscheinungen, sowie eine Stimulation des Sympathikus und des zentralen Nervensystems (KAMERLING 1993). Das exzitative Verhalten ist abhängig von der applizierten Dosis, dem Zeitpunkt nach der Arzneimittelapplikation und zeigt darüber hinaus eine hohe individuelle Variabilität (KAMERLING 1993; SANCHEZ et al. 2007). Muskeltremor, Ataxie und eine deutliche zentrale Depression bis zum Niederlegen der Pferde kann bei Einsatz von µ-Agonisten in hohen Dosierungen beobachtet werden (KAMERLING 1993). Bei Kombination verschiedener Opioide mit einem α2-Agonisten kommt es, obwohl Opioide beim erwachsenen Pferd bei alleiniger Gabe keine sedierende Wirkung haben, zu einer verbesserten Sedierungsqualität im Vergleich zum alleinigen Einsatz von α2-Agonisten (CLARKE u. PATON 1988; CLUTTON 2010). Bei einigen Pferden wird nach Opioid-Gabe das Phänomen des sogenannten „Leerkauens" beobachtet, das bedeutet, die Pferde nehmen Futter auf und kauen, schlucken dies allerdings nicht ab (KAMERLING 1993).

Bei mittleren Plasmakonzentrationen von 7,82 ± 2,10 ng/ml kommt es bei einem Drittel der Pferde zu Erregungserscheinungen, welche mit vermehrten Kopf-, Augen- und Vordergliedmaßenbewegungen und Muskelfaszikulationen einhergehen (SANCHEZ et al. 2007).

Beim Fohlen zeigt sich nach Gabe von Fentanyl in einer niedrigen Dosierung (4 µg/kg intravenös) ein sedierender Effekt, der in noch geringeren Dosierungen (2 µg/kg intravenös) nicht mehr nachvollzogen werden kann. Mit steigenden Dosierungen (8-16 µg/kg intravenös) kommt es zu Ataxie, erhöhter lokomotorischer Aktivität, Muskelrigidität und „Kopfpressen" und schlussendlich auch zum Niederlegen einiger Fohlen (32 µg/kg intravenös) (KNYCH et al. 2015a).

2.3.3.1.4 Weitere zentrale Wirkungen

Die kardiovaskulären Effekte, die Opioide bei Pferden auslösen, sind abhängig von der Art des gegebenen Opioids, der Dosis, der Applikationsform und den weiteren zugegebenen Medikamenten (CLUTTON 2010). Die nach Fentanylgabe bei anderen Tierarten zu beobachtende typische Bradykardie und Bradypnoe wird beim Pferd meist aufgrund einer im Vordergrund stehenden Erregung des Sympathikus und des zentralen Nervensystems nicht beobachtet (KAMERLING et al. 1989). Stattdessen führt Fentanyl zu einem dosisabhängigen Anstieg der Herzfrequenz und der Atemfrequenz, sowie des Weiteren zu Schwitzen, Hyperthermie und einer Mydriasis (KAMERLING et al. 1985a; KAMERLING 1993). Der Anstieg der Herzfrequenz erfolgt linear und dosisabhängig und erreicht seinen Höhepunkt, einen 20%igen Anstieg über den Kontrollwert, etwa 4 Minuten nach der Fentanylgabe. Der Effekt auf die Atemfrequenz erfolgt hingegen etwas verzögert (KAMERLING et al. 1985a). Beim Fohlen kann nach intravenöser Fentanylgabe von 32 µg/kg (kumulative Dosis von 62 µg/kg über 40 Minuten) eine signifikante Erhöhung der Herzfrequenz über eine

Stunde nachgewiesen werden, wobei 15 Minuten nach der Applikation der stärkste Anstieg der Herzfrequenz (30-60 Schläge/Minute über Kontrollwert) aufgezeichnet werden kann (KNYCH et al. 2015a).

In Bezug auf den Einfluss von Opioiden auf die Thermoregulation sind in der Literatur kontroverse Ergebnisse publiziert (CLARK 1979; KAMERLING et al. 1985a; ADLER et al. 1988; KAMERLING et al. 1989). KAMERLING et al. (1985a) konnten eine Erhöhung der rektalen Temperatur nach Gabe von Fentanyl nicht nachvollziehen. CLARK (1979) stellt die Hypothese auf, dass der durch Opioide ausgelöste hyperthermische Effekt aufgrund einer Erhöhung des physiologischen Sollwertes zustande kommt. Eine Opioid-induzierte hypothermische Phase ist stattdessen nicht das Resultat einer Erniedrigung des Sollwertes, sondern bedingt durch die verminderte thermoregulatorische Kontrolle (CLARK 1979).

2.3.3.2 Periphere Wirkungen

Die höchstwahrscheinlich wichtigste periphere Wirkung bzw. Nebenwirkung der µ-Agonisten stellt der hemmende Effekt auf die Motilität der glatten Muskulatur des Magen-Darm-Traktes dar (DAVIES u. GERRING 1983; BOSCAN et al. 2006). Dieser hemmende Effekt hat seinen Ursprung in einer verringerten Acetylcholin-Freisetzung aus enterischen Nervenendigungen, welche die glatte Muskulatur des Gastrointestinaltraktes innervieren (PATON 1957; BOSCAN et al. 2006). Neben Veränderungen bezüglich der Motilität, können durch die Aktivierung von Opioidrezeptoren im Bereich des Gastrointestinaltraktes auch Veränderungen bezüglich Sekretion, Absorption und Blutfluss ausgelöst werden (DE LUCA u. COUPAR 1996).

µ-Agonisten bewirken aufgrund einer vorherrschenden Dämpfung der intestinalen propulsiven Motilität eine Konstipation (ROGER et al. 1994; CLUTTON 2010). Diese durch µ-Agonisten ausgelöste Dysfunktion des Magen-Darm-Traktes äußert sich klinisch in einer Herabsetzung der auskultatorisch hörbaren Darmgeräusche (KNYCH et al. 2015a) sowie in einem verminderten Kotabsatz (ROGER et al. 1994; BOSCAN et al. 2006). Des Weiteren kommt es zu einem erniedrigten Wassergehalt der Fäzes und zu einer verlängerten Transitzeit durch den Magen-Darm-Trakt (BOSCAN et al. 2006).

Fentanyl (10 µg/kg oder 50 µg/kg) und Morphin (0,5 mg/kg oder 1 mg/kg) führen nach intravenöser Applikation zu einer dosisabhängigen, etwa 0,5 bis 3 Stunden andauernden Hemmung der gesamten elektrischen und mechanischen Aktivität im

Bereich des Jejunums, des Zäkums und des Kolons. Des Weiteren zeigt sich nach Fentanylgabe ein teilweiser Verschluss des Sphinkters zwischen Zäkum und Kolon (ROGER et al. 1994).
Beim Fohlen ist nach intravenöser Gabe von Fentanyl (kumulative Dosis von 62 µg/kg über 40 Minuten) eine auskultatorisch verminderte gastrointestinale Motilität, welche bis zu zwei Stunden nach der letzten Arzneimittelapplikation nachvollzogen werden kann, beschrieben (KNYCH et al. 2015a).
Allerdings ist der Einsatz von Opioiden häufig an Situationen gekoppelt, in denen es zu einer Stimulation des Sympathikus kommt (Allgemeinanästhesie, chirurgische Eingriffe, Schmerzen), was alleinig auch schon eine Hemmung der gastrointestinalen Motilität bedingt (STEINBROOK 1998).

2.3.3.3 Pharmakokinetik

Nach der intravenösen Applikation von Fentanyl kommt es zu einem schnellen Abfall der Fentanylkonzentrationen im Blut (MAXWELL et al. 2003; THOMASY et al. 2007), wobei die mittlere Eliminationshalbwertszeit nach Gabe von 4 µg/kg Fentanyl 60 ± 28 Minuten beträgt (THOMASY et al. 2007). Acht Stunden nach der intravenösen Bolusgabe von 2 mg Fentanyl (3,4 – 4,3 µg/kg) liegen die Fentanylkonzentrationen unterhalb der Quantifizierungsgrenze (limit of quantitation, LOQ) von 0,25 ng/ml (MAXWELL et al. 2003). MAXWELL et al. (2003) und THOMASY et al. (2007) nutzen beide ein Drei-Kompartiment-Modell zur modellhaften Beschreibung des Konzentrationsverlaufs von Fentanyl in Abhängigkeit von der Zeit.
Bei vergleichender Betrachtung der Kinetik von Fentanyl beim Pferd mit anderen Spezies fällt auf, dass unter anderem bezüglich der scheinbaren Verteilungsvolumina spezies-spezifische Unterschiede bestehen. Scheinbare Verteilungsvolumina sind hierbei Proportionalitätskonstanten zwischen der Gesamtmenge eines Wirkstoffes im Körper und der Plasmakonzentration, wobei verschiedene Verteilungsvolumina, wie unter anderem das zentrale Verteilungsvolumen (V_c) sowie das Verteilungsvolumen im steady state (Vd_{ss}), definiert sind (TOUTAIN u. BOUSQUET-MELOU 2004).
Vergleicht man in der Literatur beschriebene Werte für das zentrale Verteilungsvolumen (V_c) von Fentanyl, so fällt auf, dass das scheinbare zentrale Verteilungsvolumen (V_c) beim Pferd kleiner im Vergleich zu anderen Spezies ist. In der Studie von MAXWELL et al. (2003) liegt das scheinbare zentrale Verteilungsvolumen (V_c) für das Pferd bei 0,11 L/kg, in der Studie von THOMASY et al. (2007) bei 0,051 L/kg. Laut MAXWELL et al. (2003) sind dahingegen für andere

Tierarten deutlich höhere Werte beschrieben, zum Beispiel für die Katze von 1,43 L/kg (LEE et al. 2000) oder für die Ziege von 1,12 L/kg (CARROLL et al. 1999). Allerdings gibt es Studien, die zum Beispiel auch für die Katze ein kleineres zentrales Verteilungsvolumen beschreiben (PYPENDOP et al. 2014). Laut MAXWELL et al. (2003) trägt das relativ kleine zentrale Verteilungsvolumen (V_c) beim Pferd zu hohen initialen Fentanylplasmakonzentrationen bei.

Betrachtet man das scheinbare Verteilungsvolumen für Fentanyl im Fließgleichgewicht (Vd_{ss}) beim Pferd fallen ebenfalls deutliche Differenzen im Vergleich zu anderen Tierarten auf. Für das Pferd werden scheinbare Verteilungsvolumen im steady state (Vd_{ss}) von 0,68 L/kg (MAXWELL et al. 2003) oder 0,37 L/kg (THOMASY et al. 2007) beschrieben. Im Vergleich dazu liegen die Werte für das scheinbare Verteilungsvolumen im steady state (Vd_{ss}) für die Katze bei 2,56 L/kg (LEE et al. 2000) oder 2,18 L/kg (PYPENDOP et al. 2014), für die Ziege bei 1,51 L/kg (CARROLL et al. 1999) und für den Hund bei 6,16 L/kg (KUKANICH u. ALLEN 2014).

Die beschriebenen Unterschiede bezüglich der scheinbaren Verteilungsvolumina kommen laut MAXWELL et al. (2003) möglicherweise aufgrund von speziesspezifischen Unterschieden bezüglich Konzentration und Bindungsaffinität von verschiedenen Gewebs- oder Plasmaproteinen an Fentanyl zustande.

Die mittlere Clearance (Cl) von Fentanyl beim Pferd, wobei die Clearance ein Maß für das pro Zeiteinheit von einem bestimmten Stoff befreite Blutvolumen darstellt, beträgt 9,2 ml/min/kg (THOMASY et al. 2007) bzw. 5,9 ml/min/kg (MAXWELL et al. 2003).

Vergleicht man die Studien von MAXWELL et al. (2003) und THOMASY et al. (2007), fallen bezüglich einiger pharmakologischer Parameter (Cl, $Vd_{ss,}$ V_c) deutliche Unterschiede auf. THOMASY et al. (2007) erklärt dies damit, dass in der Studie von MAXWELL et al. (2003) die Fentanylkonzentrationen mittels Radioimmunoassay, bei welchem es zu einer 29%igen Kreuzreaktivität mit dem primären Fentanylmetaboliten PMA kommt, bestimmt wurden. THOMASY et al. (2007) ermittelte dagegen die Fentanylkonzentrationen mittels Flüssigkeitschromatographie mit Massenspektrometrie (LC/MS).

Fentanyl wird nach intravenöser Applikation über einen oxidativen Prozess zu dem primären Fentanylmetaboliten PMA verstoffwechselt (FRINCKE u. HENDERSON 1980). Die Metabolisierung findet wahrscheinlich in der Leber statt, auch wenn es dazu bislang noch keine Studien für das Pferd gibt (THOMASY et al. 2007). Die Elimination findet im Anschluss über die Niere statt (FRINCKE u. HENDERSON 1980). Nach der intravenösen Bolusgabe von Fentanyl steigt die PMA-Konzentration im Blut rasch an, wobei die mittlere maximale PMA-Konzentration im Blut im Mittel nach 13 Minuten erreicht ist (THOMASY et al. 2007). Der Abfall der PMA-Konzentrationen im Blut erfolgt im Vergleich zu dem Abfall der Fentanyl-Konzentrationen langsamer und die Eliminationshalbwertszeit beträgt ungefähr 2 Stunden (THOMASY et al. 2007).

2.3.3.4 Fentanyl als transdermales System

Der Einsatz von Fentanyl als transdermales therapeutisches System (TTS) ist ein sowohl in der Human- als auch in der Kleintiermedizin etabliertes System (SANDLER et al. 1994; ROBINSON et al. 1999; FRANKS et al. 2000). Der Einsatz beim Pferd ist ebenfalls in einigen Studien untersucht worden (WEGNER et al. 2002; MAXWELL et al. 2003; EBERSPACHER et al. 2008).

Vorteile dieser Applikationsart sind eine kontinuierliche Freisetzung des Medikamentes, eine einfache Anwendbarkeit, minimale Invasivität und eine gute Toleranz (EBERSPACHER et al. 2008). Möglicherweise zu erwartende Nebenwirkungen wie Erregung, lokomotorische Stimulation und ein hemmender Effekt auf die gastrointestinale Motilität werden nicht beobachtet (WEGNER et al. 2002; MAXWELL et al. 2003; THOMASY et al. 2004; ORSINI et al. 2006; EBERSPACHER et al. 2008). Bei einigen Pferden kommt es innerhalb der ersten Stunden nach Applikation zu einer erhöhten Herz- und Atemfrequenz (THOMASY et al. 2004). Bei einem von sechs Fohlen wird etwa 3 Stunden nach Aufbringen des Pflasters für etwa 60 Minuten eine Phase der herabgesetzten Aktivität beobachtet (EBERSPACHER et al. 2008).

Nach Applikation des transdermalen therapeutischen Systems wird ein unmittelbar einsetzender schneller Anstieg der Plasmafentanylkonzentrationen beschrieben (MAXWELL et al. 2003; EBERSPACHER et al. 2008), wohingegen ORSINI et al. (2006) eine initiale Verzögerung von etwa zwei Stunden beobachten. Drei Stunden nach der Applikation sind bei allen Pferden (n=6) Plasmafentanylkonzentrationen von über 1 ng/ml erreicht, welche bis 32 Stunden nach der Applikation bei allen sechs Pferden bestehen bleiben (MAXWELL et al. 2003). In anderen Studien werden jedoch größere individuelle Variationen beschrieben (ORSINI et al. 2006;

EBERSPACHER et al. 2008). Bei ORSINI et al. (2006) erreichen zwei der sechs Pferde keine Plasmakonzentrationen von über 1 ng/ml Fentanyl, obwohl die hier angewandte Dosierung von 60 - 67 µg/kg Fentanyl deutlich höher ist im Vergleich zu der in der Studie von MAXWELL et al. (2003) angewandten 34 - 43 µg/kg Fentanyl. Die größten individuellen Unterschiede zeigen sich bei der Anwendung von Fentanyl als transdermales therapeutisches System beim Fohlen. Hier weisen die maximalen Plasmakonzentrationen einen Umfang von 0,1 bis 28,7 ng/ml auf (EBERSPACHER et al. 2008).

Die maximalen Plasmakonzentrationen beim adulten Pferd liegen im Mittel bei 2,6 ± 0,61 ng/ml (MAXWELL et al. 2003), 2,77 ± 1,92 ng/ml (ORSINI et al. 2006), 2,2 ± 1,1 ng/ml (THOMASY et al. 2004) oder 6,9 ± 10,9 ng/ml (EBERSPACHER et al. 2008). Erreicht werden diese nach 8,7 ± 2,3 Stunden (MAXWELL et al. 2003), 11,4 ± 2,7 Stunden (ORSINI et al. 2006), 26 ± 13 Stunden (THOMASY et al. 2004) oder 14,3 ± 7,6 Stunden (EBERSPACHER et al. 2008).

Im Vergleich zum Hund, der Katze oder dem Menschen zeigen Pferde damit eine schnellere Absorptionsrate (VARVEL et al. 1989; KYLES et al. 1996; LEE et al. 2000). Die genauen Gründe hierfür sind nicht nachgewiesen. Jedoch sind die maximalen Plasmakonzentrationen abhängig von den jeweiligen Eigenschaften der Haut, können je nach Applikationsort variieren (MILLS u. CROSS 2007; CLUTTON 2010) und weisen mitunter eine große individuelle Variabilität auf (THOMASY et al. 2004; ORSINI et al. 2006; EBERSPACHER et al. 2008). In einer *In-vitro*-Studie konnte gezeigt werden, dass der Fluss von Fentanyl durch die equine Haut (µg/cm^2/h) nach Applikation eines transdermalen Systems im Bereich des Beines signifikant niedriger ist als im Bereich des Thorax oder der Leiste (MILLS u. CROSS 2007).

WEGNER et al. (2002) beschreibt eine Linderung viszeraler Schmerzen durch transdermal aufgebrachtes Fentanyl (35,7-57,5 µg/kg), wohingegen somatische Schmerzen unverändert bleiben oder es lediglich zu einer geringgradigen Verbesserung kommt. Die Limitierung dieser klinischen Studie ist das kleine, sehr variable Probandengut und die subjektive nicht-verblindete Beurteilung des antinozizeptiven Effekts (WEGNER et al. 2002). Pferde mit orthopädischen Erkankungen, bei denen durch alleinige NSAID-Gabe kein ausreichend analgetischer Effekt erzielt werden konnte, zeigen durch die zusätzliche Applikation eines transdermalen Fentanylsystems (39-110 µg/kg) bei mittleren Plasmakonzentrationen von 2,2 ± 1,1 ng/ml eine signifikant erniedrigte Schmerzhaftigkeit und eine geringe, jedoch nicht signifikante Verbesserung in Bezug auf die Lahmheit (THOMASY et al. 2004).

2.3.3.5 Effekte in Allgemeinanästhesie

In der Human- und in der Kleintiermedizin wird Fentanyl in balancierten Allgemeinanästhesien eingesetzt um eine perioperative Analgesie zu gewährleisten und um durch einen sparenden Effekt des Inhalationsnarkotikums die hämodynamischen Parameter zu verbessern (MCEWAN et al. 1993; MOON et al. 1995; CRIADO u. GOMEZ E SEGURA 2003; GREMIÃO et al. 2003; REILLY et al. 2013).

Die kardiovaskulären Effekte von Fentanyl, oder Fentanyl-ähnlichen Stoffen, stellen sich beim Pferd in der Allgemeinanästhesie kontrovers dar. Sufentanil (1 µg/kg und 2 µg/kg i.v.) führt in Allgemeinanästhesie mit Halothan zu einem vorübergehenden leichten Abfall von mittlerem arteriellen Blutdruck und Herzfrequenz (VAN DIJK u. NYKS 1998). Dagegen kommt es durch eine Fentanyl-DTI während Sevofluran-basierter Allgemeinanästhesie zu einem Dobutamin-sparenden Effekt (OHTA et al. 2010). Remifentanil als DTI während der Narkoseerhaltung mit Isofluran führt im Vergleich zu einer Isofluran-Mononarkose zu keinen Veränderungen bezüglich der kardiopulmonären Parameter (LAMURAGLIA et al. 2015). Die Aufwachphasen in der Remifentanil-Gruppe sind kürzer, in Bezug auf die Qualität der Aufwachphasen gibt es allerdings keine Unterschiede zwischen den beiden Gruppen (LAMURAGLIA et al. 2015). Lediglich eines von zehn Pferden aus der Remifentanil-Gruppe zeigt während der Aufwachphase ein ataktisches und exzitatives Verhalten (LAMURAGLIA et al. 2015).

In verschiedenen experimentellen Studien wurde der mögliche MAC (minimale alveoläre Konzentration) –sparende Effekt von Fentanyl in Allgemeinanästhesie evaluiert. Die Ergebnisse präsentieren sich diesbezüglich sehr gegensätzlich. In einer Studie von KNYCH et al. (2009) kann kein signifikanter Isofluran-sparender Effekt durch Fentanyl als DTI während der Allgemeinanästhesie nachgewiesen werden. Die mittleren Fentanylkonzentrationen im Plasma liegen hierbei zwischen 13,9 ± 2,6 und 24,1 ± 2,4 ng/ml. Zudem beinhalten einige der Aufstehphasen unerwünschte Erregungserscheinungen (KNYCH et al. 2009). Dagegen kann THOMASY et al. (2006) aufzeigen, dass es bei einem Plasmaspiegel von 13,31 ± 6,66 ng/ml Fentanyl zu einem signifikanten MAC-sparenden Effekt von Isofluran um

18% kommt. Bei niedrigeren Plasmakonzentrationen (0,72 ± 0,26 und 8,43 ± 3,22 ng/ml) ist der Trend zu einem Isofluran-sparenden Effekt nachvollziehbar, jedoch nicht signifikant (THOMASY et al. 2006). In Sevofluran-basierten Allgemeinanästhesien kann ein Inhalationsnarkotikum-sparender Effekt von 13% durch Fentanyl als DTI aufgezeigt werden. Die meisten der Pferde zeigen hierbei stabile Plasmaspiegel von 6,12 ± 0,88 bis 7,78 ± 1,12 ng/ml Fentanyl und die unassistierten Aufstehphasen werden mit „exzellent" bis „gut" bewertet (OHTA et al. 2010).

Sowohl beim Menschen als auch beim Kleintier kommt es im Vergleich zum Pferd schon bei niedrigeren Plasmakonzentrationen von Fentanyl zu einem deutlich stärker ausgeprägten Isofluran-sparenden Effekt (MCEWAN et al. 1993; HELLYER et al. 2001).

3 Material und Methode

3.1 Probanden

Für die Versuchsreihe wurde ein Probandengut von acht Pferden genutzt. Es handelte sich hierbei um acht klinisch allgemeingesunde Pferde, welche sich im Besitz der Klinik für Pferde, Stiftung Tierärztliche Hochschule Hannover befanden. Das Probandengut bestand aus sechs Stuten und zwei Wallachen im Alter zwischen vier und 22 Jahren und einem Gewicht zwischen 425 und 640 kg. Fünf der Pferde gehörten der Hannoveraner Zuchtrichtung an, zwei der Pferde waren Vollblut Araber und ein Pferd war Traber.

Die Versuchstiere wurden vor, während und nach den Versuchen in Boxen der Klinik für Pferde, Stiftung Tierärztliche Hochschule gehalten. Die Boxen besaßen eine Größe von 16 m². Die Pferde wurden regelmäßig bewegt oder erhielten regelmäßig freien Auslauf auf einer Weide. Die Fütterung der Pferde bestand vor, während und nach den Versuchen aus überwiegend Heu und gegebenenfalls Kraftfutter. Die Tiere hatten ununterbrochen freien Zugang zu Wasser.

Alle acht Probanden waren im Zeitraum der Versuchsreihe klinisch allgemeingesund, es bestanden keine chronisch schmerzhaften Krankheitszustände und keines der Pferde wurde medikamentös behandelt. Alle Pferde besaßen einen Tetanusimpfschutz und wurden in regelmäßigen Abständen entwurmt.

Nach § 8 Absatz 1 des Tierschutzgesetztes wurde ein Tierversuchsantrag an das Niedersächsische Landesamt für Verbraucherschutz und Lebensmittelsicherheit (LAVES) gestellt und von diesem genehmigt (33.12-42502-04-14/1513).

3.2 Versuchsaufbau

3.2.1 Instrumentierung

3.2.1.1 Wireless Thermal Threshold Testing System (WTT2)

Das Wireless Thermal Threshold Testing System von der Firma "Topcat Metrology Ltd" wurde zur Bestimmung des thermischen nozizeptiven Schwellenwertes genutzt. Dieses Messgerät wurde ursprünglich für die Bestimmung des thermischen nozizeptiven Schwellenwertes bei der Katze entwickelt (DIXON et al. 2002) und wird mittlerweile in modifizierter Form beim Pferd verwendet (ROBERTSON et al. 2005a; SANCHEZ et al. 2007; LOVE et al. 2008; SANCHEZ et al. 2008; POLLER et al. 2013a).

Das System besteht aus zwei Komponenten, der Steuer- und Anzeigeeinheit („display unit") sowie der thermischen Einheit („thermal block"), welche beide mithilfe eines Longiergurtes auf dem Rücken des Pferdes befestigt wurden (Abb. 1). Mittig auf dem Longiergurt saß die Steuer- und Anzeigeeinheit, bei welcher man auf einem digitalen Anzeigefeld die Hauttemperatur und die bei der Messung erreichte Heiztemperatur ablesen kann. An der Steuereinheit können manuell verschiedene Einstellungen vorgenommen werden, wie die Vorgabe der Starttemperatur, die Einstellung der Heizrate sowie die Abschalttemperatur. In dieser Studie wurde für die thermische Stimulation am Widerrist eine variierende Starttemperatur von 10 °C bis 30 °C und eine Heizrate von 0,6 °C/s gewählt (POLLER et al. 2013a). Die Sicherheitsabschalttemperatur, durch welche Schädigungen der Haut weitestgehend vermieden werden sollen, betrug in dieser Studie 56 °C (POLLER et al. 2013a). Die zweite Komponente des Systems, die thermische Einheit, ist über ein Kabel mit der Steuer- und Anzeigeeinheit verbunden und befindet sich in einer isolierten Kunststoffschale, welche mögliche Schaltgeräusche des Gerätes minimieren und somit einer Konditionierung der Tiere vorbeugen soll. Über ein Flachbandkabel ist die thermische Einheit mit einem Heizelement verbunden, welches auf der Haut des Pferdes liegt und den thermischen Stimulus ausführt. Dieses Heizelement (Abb. 2) ist zugleich ein Temperatursensor, mit dessen Hilfe die Hauttemperatur vor Messbeginn aufgezeichnet werden konnte. Das Heizelement ist auf einer Manschette befestigt und beides wurde mithilfe eines elastischen Gurtes im Bereich des Widerrists auf der dafür vorbereiteten Stelle befestigt. Um einen definierten Kontakt zwischen Heizelement und Haut des Pferdes zu gewährleisten und den Kontakt konstant halten zu können, sitzt ein kleines Kissen zwischen Manschette und Temperatursensor. Dieses Kissen kann über ein luftleitendes System kontrolliert mit Luft gefüllt werden, sodass ein konstanter Druck zwischen 30 und 80 mmHg gewährleistet werden kann. Die kontrollierte Befüllung mit Luft wurde über eine seitlich am Longiergurt angebrachte Spritze, welche manuell bedient wurde, getätigt.

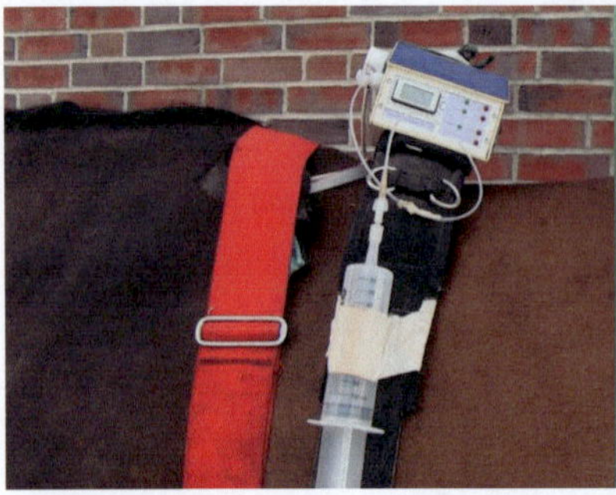

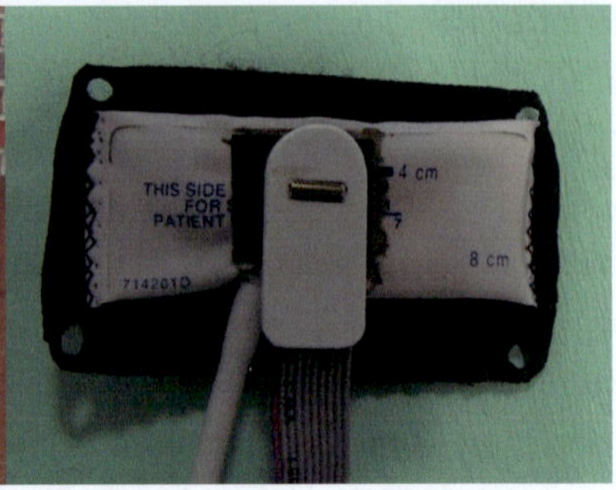

Abb. 1: *Steuer- und Anzeigeeinheit sowie Heizelement des WTT2, welche mithilfe eines Longiergurtes auf dem Rücken des Pferdes befestigt wurden. An der Seite die Spritze, die zum Druckaufbau im Kissen benötigt wird.*

Abb. 2: *Heizelement mit integriertem Temperatursensor.*

Beidseits an der Steuer- und Anzeigeeinheit sind Infrarotdetektoren angebracht, worüber das WTT2 mithilfe einer Fernbedienung gesteuert werden konnte. Dies hat den Vorteil, dass sich die Pferde während der Messungen frei in der Box bewegen konnten und sie nicht in ihrer gewohnten Umgebung gestört wurden.

Die Fernbedienung besitzt einen „Status"-Schalter, durch den bei Einschalten die aktuelle Hauttemperatur auf der Anzeige abgelesen werden konnte. Zusätzlich besitzt die Fernbedienung einen „Stimulus"-Knopf, durch den der Heizvorgang gestartet wurde. Das Heizelement erhitzt sich, solange der Stimulus-Knopf gedrückt gehalten wird, mit der zuvor eingestellten definierten Heizrate. Dieser Aufheizvorgang wurde fortgeführt bis das Pferd eine deutliche Reaktion auf den thermischen Reiz zeigte. Der Knopf wurde dann unverzüglich gelöst und damit der Heizvorgang unmittelbar beendet. Die Temperatur, bei welcher der Aufheizvorgang aufgrund einer deutlichen Reaktion des Pferdes terminiert wurde, stellt den thermischen nozizeptiven Schwellenwert dar. Dieser kann auf dem Display der Steuereinheit abgelesen werden. Als Reaktion wurde ein Pannikulusreflex im Bereich des Widerrists sowie deutliche Abwehrreaktionen in Form von Schütteln oder Umdrehen des Kopfes in Richtung Widerrist gewertet. Falls das Pferd keine Reaktion auf den thermischen Reiz zeigte, wurde der Heizvorgang automatisch bei der zuvor manuell eingegebenen Sicherheitsabschalttemperatur, in diesem Fall 56 °C, beendet. Nach jedem Messvorgang wurde das Heizelement umgehend von der Haut entfernt.

Um zu gewährleisten, dass die Pferde auf den thermischen Stimulus reagierten und nicht auf den mechanischen Stimulus, der durch den Druck der Manschette und das luftgefüllte Kissen ausgeübt wurde, wurde das Heizelement mit der Druckmanschette einige Minuten vor Messbeginn am Widerrist des Pferdes befestigt. So konnte sich das Pferd an den von der Manschette ausgeübten Druck gewöhnen. Zusätzlich hatte dies den Vorteil, dass sich die Temperatur des Heizelementes an die Temperatur der Haut anpassen konnte.

3.2.1.2 Wired Mechanical Threshold Testing System (MT1)

Zur Bestimmung des mechanischen nozizeptiven Schwellenwertes wurde das Wired Mechanical Threshold Testing System (MT1) der Firma „Topcat Metrology Ltd" genutzt.

Dieses Gerät besteht aus einer Steuer- und Anzeigeeinheit („bench-top unit"), welche den Messvorgang kontrolliert sowie einem pneumatisch betriebenen Krafterzeuger („pneumatic actuator"), welcher über einen Verbindungsschlauch mit der Steuer- und Anzeigeeinheit verbunden ist. Der pneumatisch betriebene Krafterzeuger wurde mithilfe einer speziell dafür angefertigten Gamasche an der Gliedmaße des Pferdes im Bereich des dorsalen Röhrbeins befestigt.

An der Steuer- und Anzeigeeinheit kann manuell die gewünschte Druckrate eingestellt werden und auf einem digitalen Anzeigefeld kann der bei der Messung aktuell angewandte Druck (in Newton, N) abgelesen werden. In dieser Studie wurde eine Druckrate von 0,6 N/s gewählt. Auf der Steuereinheit befinden sich zwei Kontaktstellen, an denen über Verbindungsschläuche der Krafterzeuger und eine mit Luft gefüllte Spritze mit der Steuereinheit verbunden werden. Über die Spritze wird während eines Messvorganges manuell Luft über den Verbindungsschlauch in die Steuereinheit und von dort weiter über den anderen Verbindungsschlauch zu dem pneumatisch betriebenen Krafterzeuger geleitet. Bei dem pneumatisch betriebenen Krafterzeuger wird durch die steigende Befüllung des Systems mit Luft ein schmaler, vorne spitz zulaufender Pin herausbewegt und mit einer definierten Kraft gegen das dorsale Röhrbein des Pferdes gedrückt, an welchem der pneumatisch betriebene Krafterzeuger mittels Gamasche befestigt wurde. Sobald eine deutliche Reaktion des Pferdes auf den Stimulus sichtbar war, wurde die manuelle Luftinflation unmittelbar beendet und die Luft über einen Dreiwegehahn aus dem System entlassen. Durch diesen plötzlichen Druckabfall im luftleitenden System des Gerätes, wurde der zuvor aufgebrachte Druck registriert und auf dem digitalen Anzeigefeld angezeigt. Dieser in einem Messvorgang maximal angewandte Druck, der eine deutlichen Reaktion des Tieres hervorruft, wird als der mechanische nozizeptive Schwellenwert bezeichnet und dokumentiert. Als eine deutliche Reaktion wurde das Heben der Gliedmaße, die Bewegung des Kopfes zur Gliedmaße hin und das Aufstampfen mit der Gliedmaße gewertet.

An die Steuereinheit ist eine Kontrolleinheit angeschlossen, die eine grüne und eine rote Signalleuchte aufweist. Während eines Messvorganges sind die Kontrolllampen dafür zuständig, den Bediener des Gerätes anzuleiten mit der erwünschten Druckrate über die mit Luft gefüllte Spritze Luft in das System zu leiten. Leuchtet die grüne Signallampe auf, ist dies das Zeichen dafür, dass die Druckrate zu niedrig ist. Leuchtet die rote Signallampe auf, presst man mit einer zu hohen Druckrate Luft in das System. Das Ziel ist eine manuelle Inflation des Systems mit Luft mithilfe der Spritze ohne dass eine der beiden Kontrolllampen aufleuchtet.

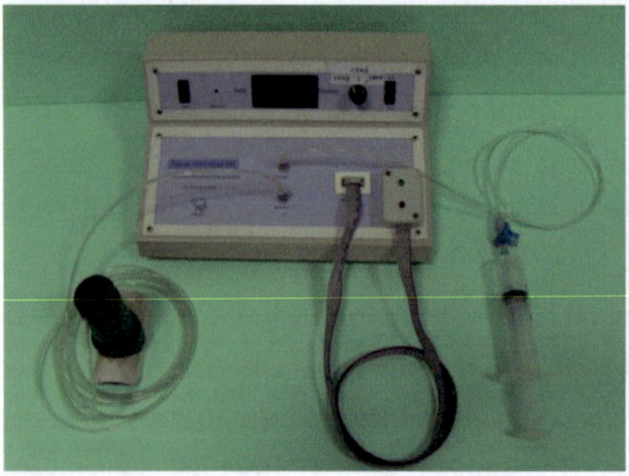

Abb. 3: *Das mechanische Reizschwellensystem (MT1), bestehend aus der Steuer- und Anzeigeeinheit, der Kontrolleinheit und dem pneumatischem Krafterzeuger.*

Abb. 4: *Der pneumatische Krafterzeuger des MT1, welcher dorsal am Röhrbein des Pferdes mittels einer Gamasche befestigt wurde.*

3.2.2 Versuchsvorbereitungen

Am Vortag, etwa 12 Stunden vor Messbeginn, wurde der Widerrist beidseits in einem Bereich von ungefähr 10 x 5 cm geschoren und rasiert. Vor jeder Versuchsreihe wurde eine erneute klinische Allgemeinuntersuchung durchgeführt. Die Fütterung der Pferde wurde sowohl vor als auch während der Versuche nicht umgestellt, ebenso hatten sie dauerhaft freien Zugang zu Wasser.

Ungefähr eine Stunde vor Versuchsbeginn wurde in beide Jugularvenen ein Venenverweilkatheter eingebracht. Einer der beiden Venenverweilkatheter wurde für die Applikation des Arzneimittels verwendet, der kontralaterale Katheter wurde für die Blutentnahmen zur Bestimmung der Fentanylkonzentrationen genutzt. Für das Einbringen der Venenverweilkatheter wurde eine Fläche von ungefähr 8 x 10 cm im Übergang vom oberen zum mittleren Halsdrittel geschoren, für drei Minuten mit Chlorhexidinglukonat gewaschen und anschließend mit einer Alkohollösung desinfiziert. Im Bereich der Einstichstelle erfolgte eine lokale Anästhesie mit 2 ml Lidocainhydrochlorid (Lidocainhydrochlorid 2%, bela-pharm GmbH & Co. KG, Vechta). Anschließend erfolgte dann das sterile Einbringen des Venenverweilkatheters (Intraflon 2, Vygon, Ecouen, Frankreich).

Um einen möglichen störenden Einfluss von Insekten auf die vorgenommenen Messungen zu minimieren, wurden die Pferde vor Beginn der Messungen mit Repellentien (Wellcare® Emulsion 10,5 mg/ml, Intervet Deutschland GmbH, Unterschleißheim) behandelt sowie mit einer modifizierten Fliegendecke eingedeckt.

3.2.3 Studiendesign

Die Studie war ein randomisierter, kontrollierter, experimenteller, im kompletten cross-over Design durchgeführter Versuch.

An jedem der acht Probanden wurden die vier Versuchsreihen randomisiert durchgeführt, wobei dies für den Untersucher verblindet geschah. Zwischen den einzelnen Versuchsreihen wurde eine „wash-out“ Periode von mindestens zehn Tagen eingelegt, um eine Interferenz sicher ausschließen zu können. Der Jugularvenenkatheter, der für die einmalige Arzneimittelapplikation genutzt wurde, wurde innerhalb der auf die Arzneimittelapplikation folgenden Stunde entfernt. Der zweite Jugularvenenkatheter, der für die Entnahme der Blutproben benötigt wurde, wurde nach der letzten Messung eines Tages entfernt. Für die 22,5-Stunden-Messung am Folgetag wurde den Pferden einmalig Blut aus einer Jugularvene entnommen. Die Kathetereinstichstellen wurden nach Entfernung der Jugularvenenkatheter mit einer iodhaltigen Salbe (Vet-Sept® Salbe 100 mg/g, aniMedica GmbH, Senden-Bösensell) behandelt.

Die thermische Stimulation erfolgte auf beiden Seiten des Widerrists, abwechselnd links und rechts. Bei der mechanischen Stimulation wurde ebenfalls abwechselnd die rechte und die linke vordere Gliedmaße benutzt.

Um die Pferde im Vorfeld der Versuche an die Stimulationsgeräte zu gewöhnen, wurden diese einige Wochen vor Beginn der Studie regelmäßig an das Tragen eines Bauchgurtes und einer Gamasche gewöhnt.
Die Messungen erfolgten in der Box und wurden somit in einer für die Pferde gewohnten Umgebung durchgeführt. Es wurde darauf geachtet, Unruhe, Aufregung und andere mögliche Störfaktoren zu vermeiden.
Da vorherige Studien gezeigt haben, dass extreme Außentemperaturen die Bestimmung des thermischen Schwellenwertes beeinflussen können (POLLER et al. 2013a), wurden die Versuche im Zeitraum vom 11. August 2014 bis zum 26. September 2014 durchgeführt, sodass tagsüber während der Versuche Temperaturen zwischen 10 und 25 °C vorlagen.

3.2.4 Versuchsdurchführung

An jedem der acht Probanden wurden die vier Versuchsreihen in randomisierter Reihenfolge und für den Untersucher verblindet durchgeführt.

Folgende Medikamente wurden für die Untersuchungen verwendet:

- Fentanylcitrat (Fentanyl HEXAL® 0,5 mg Injektionslösung, Hexal AG, Holzkirchen)
- Isotone Natriumchloridlösung (0,9 %, B. Braun Melsungen AG, Melsungen)

Alle acht Versuchstiere durchliefen folgende vier Versuchsreihen:

- 150 ml Natriumchlorid intravenös (P)
- Fentanyl 2,5 µg/kg intravenös in 150 ml Natriumchlorid gelöst ($F_{2,5}$)
- Fentanyl 5 µg/kg intravenös in 150 ml Natriumchlorid gelöst (F_5)
- Fentanyl 10 µg/kg intravenös in 150 ml Natriumchlorid gelöst (F_{10})

Da die Versuchsreihen in randomisierter Reihenfolge und verblindet für den Untersucher geschahen, wurden die verschiedenen Arzneimittel von einer an den Versuchen nicht beteiligten Person mit isotoner Natriumchloridlösung auf 150 ml verdünnt und den Pferden über einen Zeitraum von fünf Minuten als Kurzinfusion über einen der beiden Venenverweilkatheter appliziert.
Eine Versuchsreihe mit isotoner Natriumchloridlösung wurde als Placebo-Behandlung (P) durchgeführt.

3.2.5 Messprotokoll

Vor der Arzneimittelapplikation wurde für die Bestimmung der Ausgangsschwellenwerte eine Nullwert-Messung als Referenzwert durchgeführt. Diese bestand aus drei Messungen im Abstand von 20 Minuten, die anschließend gemittelt wurden.

Als Zeitpunkt 0 (t_0) wurde das Ende der Arzneimittelapplikation definiert. Im Anschluss wurden Messungen nach 10, 30, 60, 90, 120, 180, 240, 300, 360, 420, 540 Minuten und eine Messung nach 22,5 Stunden (1350 Minuten) durchgeführt.

Hauptversuche Thermostimulation

Datum:	
Pferd:	
Heizrate:	
Außentemp.	
Luftfeucht.:	

AM-Applikation:
Messung:

		Widerrist															
	Stimulation (min.)	-50	-30	-10	0*	10	30	60	90	120	180	240	300	360	420	540	22,5 h
	Seite																
	Uhrzeit																
	Hauttemperatur (°C)																
	Schwellenwert (°C)																
	Außentemperatur (°C)																
Reflex	Pannikulusreflex																
	kein Reflex																
bewusste Reaktion	Kopf zur Seite																
	sonstige																
	keine																
Verhalten	Motorische Stimulation																
	Unruhe/Exzitationen																
	aufmerksam																
	abgelenkt																
	Kopfhöhe																
	Augen																
	Sedation																
	Ohrenposition																
	Nüstern																
	Ataxie																
	Futteraufnahme																
Vitalzeichen	Herzfrequenz																
	Atemfrequenz																
	Darmgeräusche																
	Kotabsatz																
	Rektaltemp.																
	Hautkontrolle																

Hauptversuche Mechanostimulation

Datum	
Pferd	
Druckrate	0,6N/s

AM-Applikaton:
Messung:

		Röhrbein															
	Stimulation (min.)	-50	-30	-10	0*	10	30	60	90	120	180	240	300	360	420	540	22,5 h
	Seite																
	Uhrzeit																
	Schwellenwert (N)																
bewusste Reaktion	Bein heben																
	aufstampfen																
	laufen																
	Kopf zum Bein																
	sonstige																
	keine																
	Hautkontrolle																
	Blutprobe			1		2	3	4	5	6	7	8	9	10	11	12	13

***Abb. 5:** Protokoll des Hauptversuchs. Für jeden Messzeitpunkt stand sowohl für die thermische als auch für die mechanische Messung eine Spalte zur Dokumentation der Ergebnisse zur Verfügung. Protokolliert wurde die Lokalisation der Stimulation, die Uhrzeit, die Haut- sowie die Außentemperatur, die Schwellenwerte, der erfolgte Reflex, bewusste Reaktionen, das Verhalten, die Vitalparameter und mögliche Hautirritationen.*

3.2.6 Messparameter

Folgende Parameter wurden zu jedem vorbestimmten Messzeitpunkt gemessen bzw. beurteilt und dokumentiert:

Verhalten

Das Verhalten der Pferde wurde vor, während und nach den Messungen beurteilt und notiert. Das Hauptaugenmerk lag darauf, ob die Pferde Unruhe, Exzitationen, Drangwandern oder Ataxien zeigten und ob eine gesteigerte oder verminderte Aufmerksamkeit vorlag. Des Weiteren wurde die Kopfhöhe der Pferde, der Öffnungsgrad der Augen und der Nüstern und die Position der Ohren dokumentiert.

Grad der motorischen Stimulation

Der Grad der motorischen Stimulation wurde wie folgt eingeteilt und klassifiziert:

- nicht vorhanden: Pferd zeigt keine motorische Stimulation
- geringgradig: Pferd zeigt 1-2 Runden Kreislaufen, ist danach wieder ruhig
- mittelgradig: Pferd zeigt 4-5 Runden Kreislaufen, ist dabei ohne Probleme am Halfter festzuhalten, erscheint danach wieder ruhig
- hochgradig: Pferd zeigt ununterbrochenes Laufen, ist nur unter größerem Aufwand am Halfter festzuhalten

Hauttemperatur

Die Hauttemperatur wurde vor jeder Stimulation bestimmt und dokumentiert.

Thermischer Schwellenwert

Der thermische nozizeptive Schwellenwert wurde zu den definierten Zeitpunkten ermittelt und notiert, wobei die Bestimmung des thermischen nozizeptiven Schwellenwertes jeweils vor der Erhebung des mechanischen nozizeptiven Schwellenwertes vorgenommen wurde.

Der thermische nozizeptive Schwellenwert ist die Temperatur des Heizelementes, bei der eine deutliche Reaktion des Tieres auf den thermischen Stimulus sichtbar wurde. Als eindeutige positive Reaktionen galten: Pannikulusreflex im Bereich des

Widerrists, Umdrehen des Kopfes zur Stimulationsstelle, Schütteln des Kopfes und weitere ähnliche Reaktionen.

Mechanischer Schwellenwert

Der mechanische nozizeptive Schwellenwert wurde zu den definierten Zeitpunkten jeweils nach der Erhebung des thermischen nozizeptiven Schwellenwertes bestimmt und dokumentiert. Der mechanische nozizeptive Schwellenwert ist definiert als der Druck, bei dem eine eindeutige Reaktion des Tieres auf den mechanischen Stimulus sichtbar wurde. Als eindeutige positive Reaktionen galten das Heben der Vordergliedmaße, Bewegungen des Kopfes zur Stimulationsstelle, Aufstampfen, plötzliche Bewegungen, Loslaufen und ähnliche Reaktionen.

Hautkontrolle

Nach jeder Messung sowie über 24 Stunden nach der letzten Messung wurde die Haut im Bereich der Messungen kontrolliert und auf Rötungen, Schwellungen, Irritationen, Verbrennungen oder andere Schäden hin adspektorisch und palpatorisch untersucht.

Außentemperatur

Zeitnah zu jeder Messung wurde die Außentemperatur bestimmt und notiert. Die relative Luftfeuchtigkeit wurde ebenfalls einmalig für jeden Versuchstag vor Versuchsbeginn ermittelt (Humidity and Temperature Indicator, Vaisala, Helsinki, Finnland).

Herz- und Atemfrequenz

Sowohl die Herz- als auch die Atemfrequenz wurde zu jedem Messzeitpunkt ermittelt und aufgezeichnet. Die Herzfrequenz wurde mittels Phonendoskop auskultatorisch ermittelt. Die Atemfrequenz wurde adspektorisch durch Auszählung der Thoraxexkursionen erhoben.

Darmmotilität

Die Darmgeräusche wurden zu jedem Messzeitpunkt in allen vier Quadranten (beidseits in der Fossa lumbalis und abdominal) auskultatorisch überprüft und notiert. Der Grad der Darmmotorik wurde wie folgt eingeteilt und klassifiziert:

- \- verminderte auskultierbare Peristaltik
- \+ physiologische auskultierbare Peristaltik
- ++ gesteigerte auskultierbare Peristaltik

Rektaltemperatur

Zeitnah zu jeder Messung wurde die Rektaltemperatur ermittelt und dokumentiert.

3.2.7 Zeitpunkte der Blutentnahme

Zu bestimmten Zeitpunkten wurden aus dem dafür vorgesehenen Katheter venöse Blutproben entnommen. Hierfür wurden zunächst 20 ml Blut aus dem Venenverweilkatheter entnommen und verworfen. Die im unmittelbaren Anschluss daran entnommenen 5 ml venöses Blut wurden in ein mit EDTA-Lösung versehenes Röhrchen überführt. Danach wurde der Venenverweilkatheter mit einer heparinisierten Natriumchlorid-Lösung gespült.

Die erste Blutentnahme erfolgte kurz vor der Applikation der Arzneimittel. Des Weiteren wurde zu jedem Messzeitpunkt unmittelbar im Anschluss an die Durchführung der Messungen der thermischen und mechanischen nozizeptiven Schwellenwerte Blutproben entnommen.

Das EDTA-Blut wurde zeitnah aufgearbeitet, indem es über eine Dauer von 2 Minuten mit 3000 Umdrehungen zentrifugiert wurde und das Plasma im Anschluss in ein Eppendorfgefäß überführt wurde. Die Plasmaproben wurden im Anschluss bis zur Analyse bei -80 °C eingefroren.

3.2.8 Versuchsende und Weiterversorgung der Pferde

Nach Ende einer jeden Versuchsreihe wurde die klinische Allgemeingesundheit der Pferde über 24 Stunden überprüft. Besondere Aufmerksamkeit wurde hierbei auf die für die Messungen beanspruchten Hautareale gelegt. Bei Auftreten von Irritationen der Haut wie Rötung oder Schwellung wurden die betroffenen Hautbereiche mit einer Sulfadiazin-Silber-haltigen Salbe (Flammazine® Creme, Sinclair Pharma GmbH, Frankfurt am Main, Deutschland) behandelt.

3.3 Analyse der Fentanylproben

Aus den drei Fentanylgruppen ($F_{2,5}$, F_5, F_{10}) wurden die Blutproben von folgenden Messzeitpunkten zur Bestimmung der Fentanylplasmakonzentrationen analysiert: 10, 30, 60, 90, 120, 180, 240, 300 und 360 Minuten.

Die Konzentrationsbestimmung wurde mittels Hochleistungsflüssigkeitschromatografie mit Massenspektrometrie (HPLC/MS) von Herrn Dr. Torsten Binscheck-Domaß (Labor Berlin – Charité Vivantes GmbH, Laboratoriumsmedizin & Toxikologie) durchgeführt. Die Chromatografie dient hierbei zur Auftrennung der verschiedenen Moleküle und die sich anschließende Massenspektrometrie zur Quantifizierung der Substanzen. Die zu untersuchende Substanz wurde unter Zugabe einer Natriumhydroxid-Lösung und eines Extraktionsmittels, welches ein internes Standard-Gemisch enthält, aus der Probe extrahiert. Anschließend wurde das Extraktionsmittel bei 30°C abgedampft, der Rückstand in Rekonstitutionslösung aufgenommen und in ein Autosampler-Vial überführt. Im Anschluss erfolgte die Analyse mittels Tandem-Massenspektrometrie-Technik (MS/MS). Die Auswertung wurde mit dem Software-Programm Analyst durchgeführt. Die Identifizierung der Substanzen erfolgte durch Vergleich der Retentionszeiten und mit den in der Methode gespeicherten Identifizierungsmassen. Für die beschriebene Methodik lag die Quantifizierungsgrenze (limit of quantitation, LOQ) bei 1,0 ng/ml Fentanyl, die Nachweisgrenze (limit of detection, LOD) bei 0,3 ng/ml Fentanyl. Der Variationskoeffizient lag bei 9,5 % für 7,5 ng/ml Fentanyl und bei 10,8 % für 30 ng/ml Fentanyl.

Pharmakokinetische Daten wurden mit der Pharmakokinetik-Software WinNonlin 6.4.0.768 analysiert. Eine nicht-lineare Regressionsanalyse (nonlinear least squares regression) wurde anhand der gemessenen Fentanyl-Plasmakonzentrationen berechnet. Das Kompartimentmodell wurde an die jeweiligen Daten der Pferde angepasst, wobei das geeignete Modell mittels Akaikes Informationskriterium ausgewählt wurde (YAMAOKA et al. 1978). Die Standardgleichungen für Kompartimentmodelle (RIVIERE 1999) wurden verwendet um die pharmakokinetischen Konstanten und Parameter zu berechnen. Die maximale Fentanylplasmakonzentration (C_{max}) wurde direkt von den ermittelten Daten abgelesen.

3.4 Statistik

Die Auswertung der Daten erfolgte mit dem Statistikprogramm SAS (SAS Institute, Cary, NC). Für die Auswertung des linearen Modells wurde die Prozedur „MIXED" genutzt. Es wurde ein Signifikanzniveau von $p < 0{,}05$ berücksichtigt.

Für die deskriptive Statistik wurden die arithmetischen Mittelwerte und ihre Standardabweichung berechnet. Die Messwiederholungen vor den Behandlungen wurden zu einem Kontrollwert gemittelt.

Die Vergleiche zwischen den Medikationen zu jedem Messzeitpunkt sowie die Vergleiche der Messzeitpunkte gegen die eigene Kontrolle wurden mit der einfaktoriellen Varianzanalyse und dem Tukey-Kramer-Test berechnet.

Für die Berechnung der prozentualen Temperaturabweichung (TE %) wurde folgende Formel eingesetzt (BROSNAN et al. 2009):

$TE\ \% = 100 \times ([T_T - T_0] / [T_C - T_0])$

T_T: thermischer Schwellenwert, T_0: Hauttemperatur, T_C: cut-out Temperatur

3.5 Ermittlung analgetisch wirksamer Plasmaspiegel

Die analgetisch wirksamen Plasmaspiegel wurden mithilfe der Erstellung von Hysteresis-Kurven ermittelt (Abb. 6). Hierbei wurde die Fentanylplasmakonzentration (ng/ml) gegen die Differenz des thermischen nozizeptiven Schwellenwertes zu dem gemittelten Kontrollwert (thermischer nozizeptiver Schwellenwert – Kontrollwert) (°C) aufgetragen. Als Grenzen für einen möglichen antinozizeptiven Effekt wurden die Konfidenzintervalle der thermischen Kontroll-Schwellenwerte (°C) als horizontale rote Linien eingetragen. Von dem Kreuzungspunkt des absteigenden Schenkels der Hysteresis-Kurve mit dem eingetragenen Konfidenzintervall ausgehend wurde ein Lot gefällt, dargestellt als vertikale lila Linie. Der Punkt, an dem dieses gefällte Lot auf die x-Achse trifft, stellt die kalkulierte minimal notwendige Fentanylplasmakonzentration dar, welche vorhanden sein muss um einen antinozizeptiven Effekt zu bewirken.

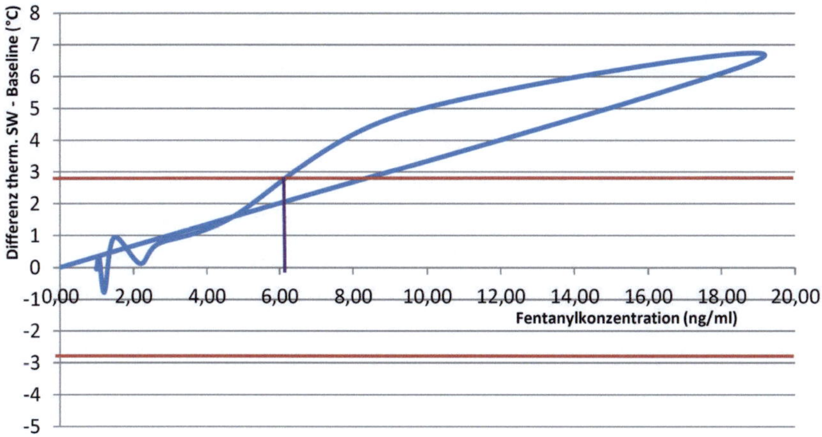

Abb. 6: *Fentanylplasmakonzentrationen (ng/ml) aufgetragen gegen die Differenz der thermischen nozizeptiven Schwellenwerte zur Baseline (°C). Als rote Linie dargestellt das mittlere Konfidenzintervall (°C) der thermischen Kontroll-Schwellenwerte vor Bolusgabe. Die lila Linie kennzeichnet auf der x-Achse die minimal effektive Fentanylplasmakonzentration (ng/ml), die notwendig ist um einen analgetischen Effekt hervorzurufen.*

4 Ergebnisse

4.1 Placebo-Behandlung

4.1.1 Verhalten der Pferde

Alle Pferde tolerierten sowohl das thermische Gerät, welches mithilfe eines Longiergurts aufgebracht wurde, als auch das mechanische Stimulationsgerät, welches mittels Gamasche am Bein befestigt wurde, nach einer kurzen Eingewöhnungsphase gut. Während direkter Manipulationen am Gerät, wie zum Beispiel das Umsetzen des Heizelementes oder das Wechseln des motorischen Stimulationsgerätes zur kontralateralen Gliedmaße, zeigten die Pferde eine kurze Phase der erhöhten Aufmerksamkeit. Keines der Pferde zeigte während der Versuchsperiode ein gestörtes Allgemeinbefinden, sonstige Anzeichen von Unwohlsein oder eine Phase der gesteigerten Lokomotion.

4.1.2 Thermische Stimulation

4.1.2.1 Reaktion auf den thermischen Stimulus

Als Reaktion auf den thermischen Stimulus zeigten die Pferde in 79,81 % der Fälle einen Pannikulusreflex, wobei bei 3,61 % der Messungen im Anschluss eine bewusste Reaktion in Form von Schütteln des Kopfes, des Halses oder des ganzen Körpers gezeigt wurde. In 18,27 % der Fälle trat als Reaktion auf die thermische Stimulation eine bewusste Reaktion auf, wobei in 3,85 % der Messungen die Pferde ihren Kopf zum Widerrist bewegten und in 14,42 % der Messungen mit einem Schütteln von Kopf, Hals oder dem ganzen Körper reagierten. Die cut-out Temperatur wurde bei 1,92 % (2 von 104) der Messungen erreicht.

4.1.2.2 Thermische Schwellenwerte

Der thermische nozizeptive Schwellenwert war über den gesamten Beobachtungszeitraum stabil (Abb. 7). Es ergab sich ein Gesamtmittelwert der thermischen nozizeptiven Schwellenwerte von 47,8 °C für die Kontrollgruppe. Der Verlauf der TE % Werte war vergleichbar mit dem Verlauf der Schwellenwerte (Anhang 3).

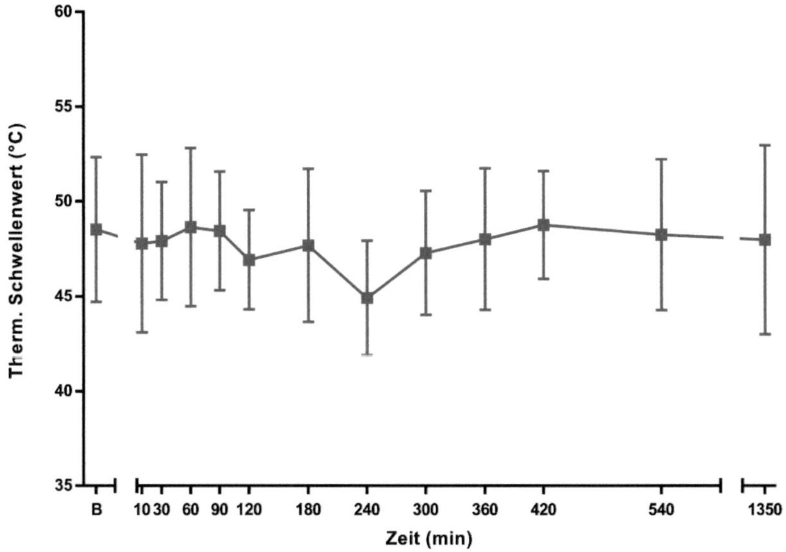

Abb. 7: *Verlauf der nozizeptiven Schwellenwerte (Temperatur, °C) nach thermischer Stimulation am Widerrist nach der Placebo-Behandlung (n=8). Abgebildet sind die erreichten Schwellenwerte (Mittelwert ± SD) vor der AM-Applikation (B, Kontrollwert) und nach der AM-Applikation zu den jeweiligen Messzeitpunkten über einen Zeitraum von 1350 Minuten.*

4.1.3 Mechanische Stimulation

4.1.3.1 Reaktion auf den mechanischen Stimulus

Als Reaktion auf den mechanischen Stimulus zeigten die Pferde in 82,21 % der Fälle ein Heben der stimulierten Vordergliedmaße. Bei 1,22 % der Messungen reagierten die Pferde gleichzeitig mit einer Bewegung des Kopfes zur stimulierten Gliedmaße hin. In 17,79 % der Fälle zeigten die Pferde als Reaktion auf den mechanischen Reiz ein Aufstampfen. Die cut-out Temperatur wurde bei keiner der Messungen erreicht.

4.1.3.2 Mechanische Schwellenwerte

Der mechanische nozizeptive Schwellenwert verhielt sich über den gesamten Beobachtungszeitraum stabil (Abb. 8). Es ergab sich ein Mittelwert der mechanischen nozizeptiven Schwellenwerte in der Kontrollgruppe von 3,9 Newton.

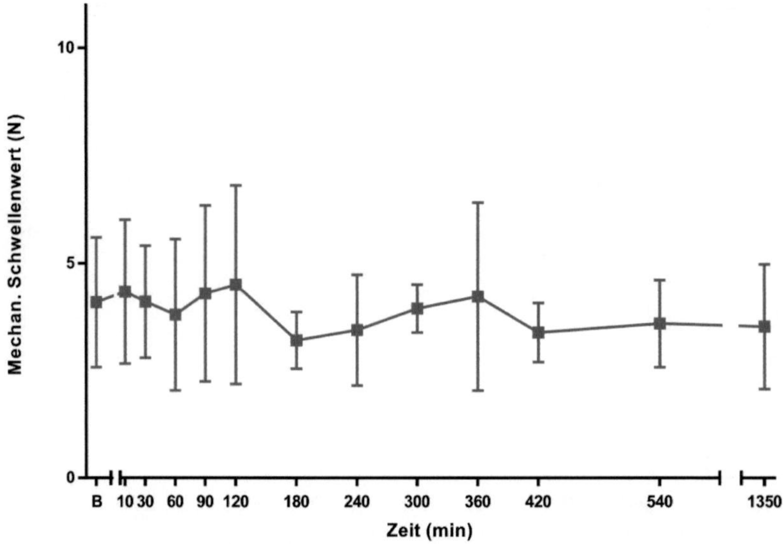

Abb. 8: *Verlauf der nozizeptiven Schwellenwerte (Newton) nach mechanischer Stimulation am Bein nach der Placebo-Behandlung (n=8). Abgebildet sind die erreichten Schwellenwerte (Mittelwert ± SD) vor der AM-Applikation (B, Kontrollwert) und nach der AM-Applikation zu den jeweiligen Messzeitpunkten über einen Zeitraum von 1350 Minuten.*

4.1.4 Herz- und Atemfrequenz

Die Herzfrequenz und die Atemfrequenz zeigten in der Kontrollgruppe keine signifikanten Veränderungen über den Beobachtungszeitraum (Anhang 5 und 6).

4.1.5 Darmgeräusche (und Kotabsatz)

Die auskultierbaren Darmgeräusche waren in der Placebo-Behandlung zu keinem Zeitpunkt im Vergleich zu dem Kontrollwert reduziert oder anderweitig verändert. Die Darmgeräusche konnten sowohl vor als auch nach der Arzneimittel-Applikation mit + (physiologische auskultierbare Peristaltik) bewertet werden.

4.1.6 Rektaltemperatur

Die Rektaltemperatur zeigte keine signifikante Veränderung über den beobachteten Messzeitraum (Anhang 7).

4.2 Fentanyl in verschiedenen Dosierungen

4.2.1 Verhalten der Pferde

In der $F_{2,5}$-Behandlung zeigten drei von acht Pferde (37,5 % der Probanden) ein verändertes Verhalten in Form von Unruhe und einer gesteigerten Aufmerksamkeit.
Nach der F_5-Behandlung wurde bei 50 % der Probanden eine erhöhte Aufmerksamkeit und Unruhe beobachtet.
In der F_{10}-Behandlung zeigten sieben von acht Pferde (87,5 % der Probanden) Unruhe und eine gesteigerte Aufmerksamkeit. Des Weiteren kam es bei 50 % der Pferde zu einer geringgradig ausgeprägten Ataxie.
Die Dauer des veränderten Verhaltens hielt bei der Mehrzahl der Pferde für etwa 10 Minuten an. Lediglich bei einem Pferd aus der $F_{2,5}$-Behandlung und bei zwei Pferden aus der F_{10}-Behandlung konnte auch zum Messzeitpunkt t_{30} eine gesteigerte Aufmerksamkeit und Unruhe festgestellt werden. Im Anschluss an die Phase der 10-30 Minuten andauernden gesteigerten Aufmerksamkeit zeigten alle Pferde wieder ein normales, mit dem vor der Arzneimittelgabe vergleichbares Verhalten.
Bei keinem der Pferde konnte in einer der drei Behandlungen ein sedierender Effekt beobachtet werden.

4.2.1.1 Motorische Stimulation

Nach Applikation von 2,5 µg/kg Fentanyl zeigten drei von acht Pferde (37,5 % der Probanden) eine Phase der erhöhten lokomotorischen Aktivität. Bei zwei Pferden kam es innerhalb der ersten 10 Minuten nach Arzneimittelapplikation zu einer geringgradig ausgeprägten lokomotorischen Stimulation. Bei einem der Pferde zeigte sich innerhalb der ersten 10 Minuten nach der Fentanyl-Applikation eine Phase der mittelgradig gesteigerten Lokomotion.
In der F_5-Behandlung kam es ebenfalls bei drei von acht Pferden (37,5 % der Probanden) zu einer Erhöhung der motorischen Aktivität. Hierbei zeigte eins der Pferde eine geringgradig und zwei der Pferde eine mittelgradig gesteigerte Lokomotion innerhalb der ersten 10 Minuten nach Ende der Arzneimittel-Applikation.
Nach der Applikation von 10 µg/kg Fentanyl zeigten sechs von acht Pferden (75 %) eine Steigerung der lokomotorischen Aktivität. Bei vier Pferden wurde eine geringgradige, bei einem Pferd eine mittelgradige und bei einem weiteren Pferd eine hochgradige Erhöhung der motorischen Aktivität innerhalb der ersten 10 Minuten nach der Arzneimittelapplikation beobachtet. Das Pferd, bei welchem innerhalb der

ersten 10 Minuten eine hochgradige motorische Stimulation zu beobachten war, zeigte bis 30 Minuten nach der Fentanyl-Applikation eine schwächer werdende, jedoch noch immer gesteigerte Lokomotion.

4.2.2 Thermische Stimulation

4.2.2.1 Reaktion auf den thermischen Stimulus

In der $F_{2,5}$-Behandlung zeigten die Pferde in 89,6 % der Fälle als Reaktion auf den thermischen Stimulus einen Pannikulusreflex. In 9,4 % der Messungen kam es zu einer bewussten Reaktion der Pferde in Form von Schütteln des Kopfes, des Halses, des ganzen Körpers oder einem Bewegen des Kopfes zum Widerrist hin. In 1 % der Fälle zeigten die Pferde keine Reaktion auf den thermischen Reiz und erreichten die cut-out Temperatur.

In 83,3 % Fällen wurde in der F_5-Behandlung als Antwort auf den thermischen Stimulus eine unbewusste Reaktion in Form eines Pannikulusreflexes beobachtet. In 14,6 % der Messungen zeigten die Pferde infolge des thermischen Reizes eine bewusste Reaktion, die sich als ein Schütteln des Kopfes, des Halses, des ganzen Körpers oder einer Bewegung des Kopfes zum Widerrist hin äußerte. In 2 % der Fälle kam es zu einem Erreichen der cut-out Temperatur ohne Reaktion auf den thermischen Stimulus.

Nach der intravenösen Anwendung von 10 µg/kg Fentanyl wurde in 75 % der Messungen als Reaktion auf den thermischen Reiz ein Pannikulusreflex beobachtet. In 12,5 % der Fälle zeigten die Pferde als Antwort auf den thermischen Stimulus eine bewusste Reaktion. In ebenfalls 12,5 % der Messungen wurde infolge der thermischen Stimulation bis zum Erreichen des cut-out Wertes keine Reaktion beobachtet.

4.2.2.2 Kontroll-Messung

Der Mittelwert der Kontrollwerte lag in der $F_{2,5}$-Behandlung bei 47,36 ± 3,55 °C, in der F_5-Behandlung bei 48,20 ± 3,74 °C und in der F_{10}-Behandlung bei 47,20 ± 4,07 °C. Die Mittelwerte der Kontroll-Messungen wiesen keine statistisch signifikanten Unterschiede im Vergleich zueinander auf.

4.2.2.3 Thermische Schwellenwerte nach Fentanyl-Applikation (2,5 µg/kg)

Der mittlere thermische nozizeptive Schwellenwert war in der $F_{2,5}$-Behandlung im Vergleich zum Kontrollwert zu keinem Zeitpunkt signifikant verändert. Eine leichte

Erhöhung des thermischen nozizeptiven Schwellenwertes ließ sich allerdings zum Messzeitpunkt t_{10} beobachten. Zum Messzeitpunkt t_{300} dagegen wurde ein erniedrigter thermischer nozizeptiver Schwellenwert dokumentiert (Abb. 9).

Der Verlauf der TE % Werte war vergleichbar mit dem Verlauf der absoluten Schwellenwerte (Anhang 3).

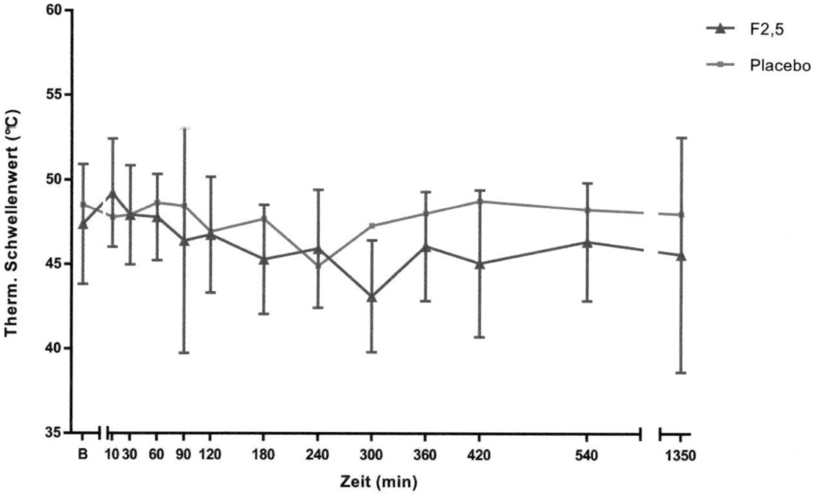

Abb. 9: *Verlauf der nozizeptiven Schwellenwerte (Temperatur, °C) nach thermischer Stimulation am Widerrist der $F_{2,5}$-Behandlung sowie der Placebo-Behandlung (n=8). Abgebildet sind die erreichten Schwellenwerte (Mittelwert ± SD) vor der AM-Applikation (B, Kontrollwert) und nach der AM-Applikation zu den jeweiligen Messzeitpunkten über einen Zeitraum von 1350 Minuten.*

4.2.2.4 Thermische Schwellenwerte nach Fentanyl-Applikation (5 µg/kg)

Der mittlere thermische nozizeptive Schwellenwert war in der F_5-Behandlung im Vergleich zum Kontrollwert vor der AM-Applikation zu keinem Messzeitpunkt signifikant verändert. Zum Messzeitpunkt t_{10} konnte jedoch eine leichte Erhöhung des thermischen nozizeptiven Schwellenwertes beobachtet werden. Ein erniedrigter thermischer nozizeptiver Schwellenwert ließ sich zum Messzeitpunkt t_{300} erkennen (Abb. 10).

Der Verlauf der TE % Werte war vergleichbar mit dem Verlauf der absoluten Schwellenwerte (Anhang 3).

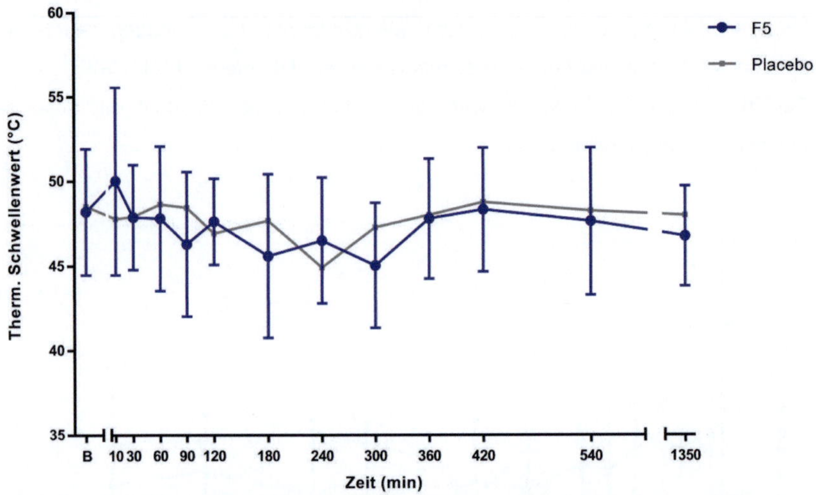

Abb. 10: *Verlauf der nozizeptiven Schwellenwerte (Temperatur, °C) nach thermischer Stimulation am Widerrist der F_5-Behandlung sowie der Placebo-Behandlung (n=8). Abgebildet sind die erreichten Schwellenwerte (Mittelwert ± SD) vor der AM-Applikation (B, Kontrollwert) und nach der AM-Applikation zu den jeweiligen Messzeitpunkten über einen Zeitraum von 1350 Minuten.*

4.2.2.5 Thermische Schwellenwerte nach Fentanyl-Applikation (10 µg/kg)

Der mittlere thermische nozizeptive Schwellenwert war in der F_{10}-Behandlung nach der Arzneimittelapplikation über 30 Minuten signifikant ($p < 0,05$) im Vergleich zum Kontrollwert erhöht. Die maximale Erhöhung der thermischen nozizeptiven Schwellenwerte wurde zum Zeitpunkt t_{10} erreicht. Die Werte der Kontrolle wurden zum Zeitpunkt t_{120} wieder erreicht (Abb. 11).

Die Placebo-Behandlung und die F_{10}-Behandlung wiesen zum Messzeitpunkt t_{10} signifikante Unterschiede der thermischen nozizeptiven Schwellenwerte im Vergleich zueinander auf.

Der Verlauf der TE % Werte war vergleichbar mit dem Verlauf der absoluten Schwellenwerte (Anhang 3).

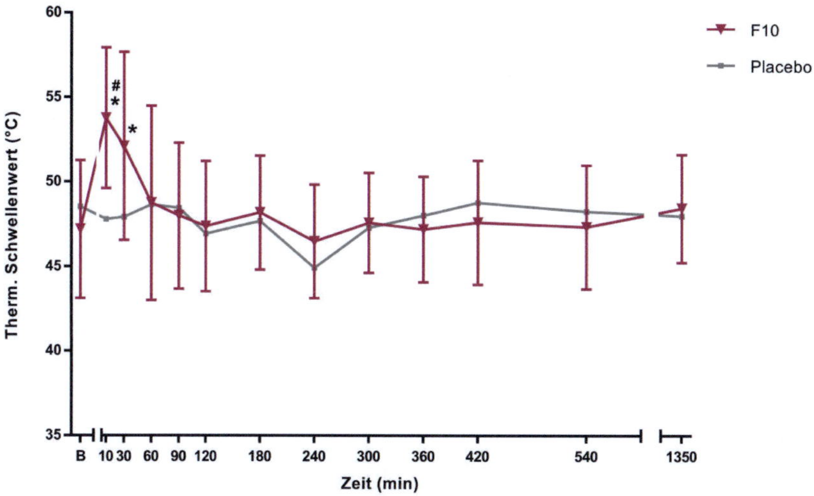

Abb. 11: *Verlauf der nozizeptiven Schwellenwerte (Temperatur, °C) nach thermischer Stimulation am Widerrist der F_{10}-Behandlung sowie der Placebo-Behandlung (n=8). Abgebildet sind die erreichten Schwellenwerte (Mittelwert ± SD) vor der AM-Applikation (B, Kontrollwert) und nach der AM-Applikation zu den jeweiligen Messzeitpunkten über einen Zeitraum von 1350 Minuten. Signifikante Unterschiede zum eigenen Kontrollwert sind mit * gekennzeichnet, signifikante Unterschiede zum gleichen MZP der Placebo-Behandlung sind mit # gekennzeichnet. Signifikanzniveau α < 0,05.*

4.2.3 Mechanische Stimulation

4.2.3.1 Reaktion auf den mechanischen Stimulus

Nach der Applikation von 2,5 µg/kg Fentanyl kam es in 81,25 % der Fälle als Reaktion auf den mechanischen Stimulus zu einem Heben der stimulierten Vordergliedmaße. In 12,5 % der Messungen reagierten die Pferde mit einem Aufstampfen des stimulierten Beines und in 6,25 % der Messungen bewegten die Pferde als Reaktion auf den mechanischen Reiz den Kopf zur stimulierten Vordergliedmaße hin.

Nach der Gabe von 5 µg/kg Fentanyl reagierten die Pferde in 90,62 % der Fälle auf die mechanische Stimulation mit einem Heben der stimulierten Vordergliedmaße. Ein Aufstampfen der stimulierten Gliedmaße wurde bei 9,38 % der Messungen beobachtet.

In 73,96 % der Fälle zeigten die Pferde nach der Applikation von 10 µg/kg Fentanyl als Reaktion auf den mechanischen Reiz ein Heben des stimulierten Beines. Mit einem Aufstampfen der stimulierten Vordergliedmaße reagierten die Pferde in 23,96 % der Fälle. In 2,08 % der Messungen konnte eine Bewegung des Kopfes zum stimulierten Bein hin beobachtet werden.

Zu keinem Zeitpunkt wurde in einer der drei Behandlungen der cut-out Wert von 20 Newton erreicht.

4.2.3.2 Kontroll-Messung

Der Mittelwert der Kontrollwerte lag in der $F_{2,5}$-Behandlung bei 4,29 ± 1,6 N, in der F_5-Behandlung bei 3,55 ± 1,43 N und in der F_{10}-Behandlung bei 3,68 ± 1,27 N. Die Mittelwerte der Kontroll-Messungen wiesen keine statistisch signifikanten Unterschiede im Vergleich zueinander auf.

4.2.3.3 Mechanische Schwellenwerte nach Fentanyl-Applikation (2,5 µg/kg)

Der mittlere mechanische nozizeptive Schwellenwert war in der $F_{2,5}$-Behandlung nach der AM-Applikation im Vergleich zum Kontrollwert vor der AM-Gabe zu keinem Zeitpunkt signifikant verändert. Zum Messzeitpunkt t_{10} konnte jedoch eine leichte Erhöhung des mechanischen nozizeptiven Schwellenwertes erkannt werden (Abb. 12).

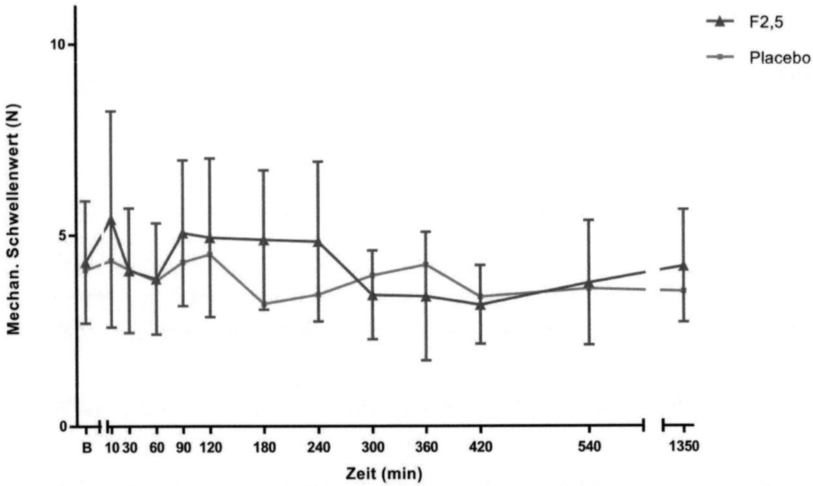

Abb. 12: *Verlauf der nozizeptiven Schwellenwerte (Newton) nach mechanischer Stimulation am Bein der $F_{2,5}$-Behandlung sowie der Placebo-Behandlung (n=8). Abgebildet sind die erreichten Schwellenwerte (Mittelwert ± SD) vor der AM-Applikation (B, Kontrollwert) und nach der AM-Applikation zu den jeweiligen Messzeitpunkten über einen Zeitraum von 1350 Minuten.*

4.2.3.4 Mechanische Schwellenwerte nach Fentanyl-Applikation (5 µg/kg)

In der F_5-Behandlung war der mittlere mechanische nozizeptive Schwellenwert nach der AM-Applikation im Vergleich zum Kontrollwert vor der AM-Gabe zu keinem Messzeitpunkt signifikant verändert. Zum Messzeitpunkt t_{10} konnte ein erhöhter mechanischer nozizeptiver Schwellenwert beobachtet werden (Abb. 13).

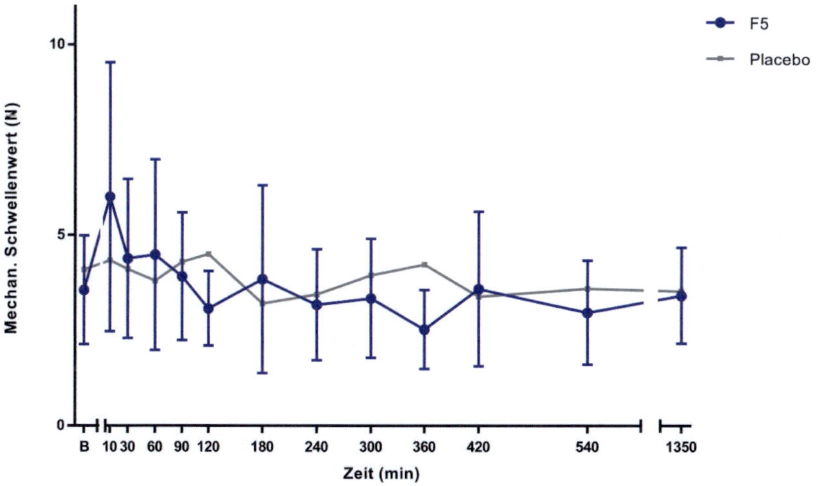

Abb. 13: *Verlauf der nozizeptiven Schwellenwerte (Newton) nach mechanischer Stimulation am Bein der F_5-Behandlung sowie der Placebo-Behandlung (n=8). Abgebildet sind die erreichten Schwellenwerte (Mittelwert ± SD) vor der AM-Applikation (B, Kontrollwert) und nach der AM-Applikation zu den jeweiligen Messzeitpunkten über einen Zeitraum von 1350 Minuten.*

4.2.3.5 Mechanische Schwellenwerte nach Fentanyl-Applikation (10 µg/kg)

Der mechanische nozizeptive Schwellenwert war in der F_{10}-Behandlung im Vergleich zum Kontrollwert zum Messzeitpunkt t_{10} signifikant ($p < 0{,}05$) erhöht. Die Werte der Kontrolle wurden zum Messzeitpunkt t_{120} wieder erreicht (Abb. 14).

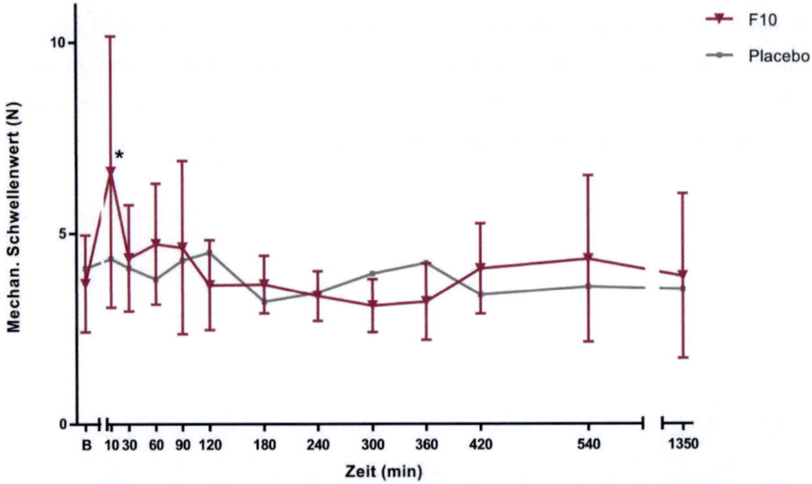

Abb. 14: *Verlauf der nozizeptiven Schwellenwerte (Newton) nach mechanischer Stimulation am Bein der* F_{10}*-Behandlung sowie der Placebo-Behandlung (n=8). Abgebildet sind die erreichten Schwellenwerte (Mittelwert ± SD) vor der AM-Applikation (B, Kontrollwert) und nach der AM-Applikation zu den jeweiligen Messzeitpunkten über einen Zeitraum von 1350 Minuten. Signifikante Unterschiede zum eigenen Kontrollwert sind mit * gekennzeichnet. Signifikanzniveau* $\alpha < 0{,}05$.

4.2.4 Herz- und Atemfrequenz

Weder die Herzfrequenz noch die Atemfrequenz zeigte in einer der drei Behandlungsgruppen nach der Fentanyl-Applikation eine signifikante Veränderung im Vergleich zur eigenen Kontrolle. Eine leichte Erhöhung der Herzfrequenz nach der Fentanylapplikation konnte jedoch dokumentiert werden (Anhang 5 und 6).

4.2.5 Darmgeräusche

Die auskultierbaren Darmgeräusche zeigten nach der Applikation von Fentanyl in allen drei Behandlungsgruppen keine signifikanten Veränderungen im Vergleich zur eigenen Kontrolle (Anhang 8).

4.2.6 Rektaltemperatur

In keiner der drei Behandlungsgruppen konnte eine signifikante Veränderung bezüglich der Rektaltemperatur festgestellt werden (Anhang 7).

4.3 Hautirritationen nach der thermischen Stimulation

Der Bereich der Haut am Widerrist, der für die thermischen Stimulationen genutzt wurde, wurde direkt nach den Messungen sowie über 24 Stunden nach der letzten Messung auf Hautirritationen überprüft. Bei Erreichen der cut-out Temperatur von 56 °C kam es zu etwa 1 x 0,2 cm großen, erhabenen, weißlich veränderten Reaktionen der Haut, die zum Teil einen bläschenartigen Charakter aufwiesen. Teilweise waren diese Veränderungen direkt nach dem Messvorgang noch nicht sichtbar, sondern entwickelten sich innerhalb der nächsten Stunden.

Bei allen Pferden, die infolge der thermischen Stimulation Hautirritationen aufwiesen, kam es unter lokaler Therapie mit einer Sulfadiazin-Silber-haltigen Salbe zu einer komplikationslosen Abheilung innerhalb weniger Tage.

4.4 Fentanylkonzentrationen im Plasma

4.4.1 Fentanylkonzentrationen nach Bolusgabe von 2,5 µg/kg Fentanyl

Tab. 1: *Fentanylplasmakonzentrationen (ng/ml) der einzelnen Pferde (n=8) sowie Mittelwerte ± Standardabweichungen nach intravenöser Bolusgabe von 2,5 µg/kg Fentanyl zu den verschiedenen Messzeitpunkten (Minuten).*

	Fentanylkonzentration (ng/ml)								
t (min)	Pfd. 1	Pfd. 2	Pfd. 3	Pfd. 4	Pfd. 5	Pfd. 6	Pfd. 7	Pfd. 8	Mittelwert ± SD
10	8,12	8,06	4,43	4,19	3,49	4,69	3,38	8,62	5,62 ± 2,09
30	3,86	3,48	2,60	1,78	1,82	1,98	2,18	5,99	2,96 ± 1,35
60	2,27	1,97	1,71	< 1	< 1	< 1	1,72	4,38	2,41 ± 1,01
90	1,63	1,48	1,36	< 1	< 1	< 1	1,58	3,23	1,86 ± 0,69
120	1,39	1,28	1,34	< 1	< 1	< 1	1,54	2,86	1,68 ± 0,60
180	1,24	1,16	1,16	< 1	< 1	< 1	1,48	2,26	1,46 ± 0,42
240	1,13	1,12	1,11	< 1	< 1	< 1	1,47	2,25	1,42 ± 0,44
300	1,17	1,12	1,07	< 1	< 1	< 1	1,44	1,82	1,32 ± 0,28
360	1,12	1,09	1,06	< 1	< 1	< 1	1,41	1,88	1,31 ± 0,31

4.4.2 Fentanylkonzentrationen nach Bolusgabe von 5 µg/kg Fentanyl

Tab. 2: *Fentanylplasmakonzentrationen (ng/ml) der einzelnen Pferde (n=8) sowie Mittelwerte ± Standardabweichungen nach intravenöser Bolusgabe von 5 µg/kg Fentanyl zu den verschiedenen Messzeitpunkten (Minuten).*

	Fentanylkonzentration (ng/ml)								
t (min)	Pfd. 1	Pfd. 2	Pfd. 3	Pfd. 4	Pfd. 5	Pfd. 6	Pfd. 7	Pfd. 8	Mittelwert ± SD
10	8,36	15,3	11,6	11,1	12,1	7,58	9,07	15,4	11,31 ± 2,76
30	4,88	4,02	5,27	5,06	2,98	4,06	3,19	12,8	5,28 ± 2,95
60	2,28	2,34	2,77	1,53	2,07	2,6	2,15	7,58	2,92 ± 1,80
90	1,74	1,67	1,81	< 1	< 1	1,82	1,81	5,16	2,34 ± 1,26
120	1,41	1,5	1,6	< 1	< 1	1,63	1,75	4,38	2,05 ± 1,05
180	1,21	1,32	1,36	< 1	< 1	1,51	1,55	2,95	1,65 ± 0,59
240	1,1	1,15	1,18	< 1	< 1	1,45	1,49	2,82	1,53 ± 0,59
300	1,08	1,12	1,19	< 1	< 1	1,4	1,47	2,33	1,43 ± 0,43
360	1,08	1,09	1,12	< 1	< 1	1,41	1,43	2,02	1,36 ± 0,33

4.4.3 Fentanylkonzentrationen nach Bolusgabe von 10 µg/kg Fentanyl

Tab. 3: *Fentanylplasmakonzentrationen (ng/ml) der einzelnen Pferde (n=8) sowie Mittelwerte ± Standardabweichungen nach intravenöser Bolusgabe von 10 µg/kg Fentanyl zu den verschiedenen Messzeitpunkten (Minuten).*

	Fentanylkonzentration (ng/ml)								
t (min)	Pfd. 1	Pfd. 2	Pfd. 3	Pfd. 4	Pfd. 5	Pfd. 6	Pfd. 7	Pfd. 8	Mittelwert ± SD
10	21,9	20,2	17,7	17,7	30	8,53	15,5	20,4	18,99 ± 5,68
30	13,2	8,2	5,66	7,1	8,59	6,24	3,76	22,8	9,44 ± 5,67
60	4,41	3,25	3,75	3,38	4,73	2,81	2,72	11,5	4,57 ± 2,70
90	2,97	2,44	1,48	1,98	1,22	2,02	2,18	7,14	2,68 ± 1,76
120	2,22	2,01	1,35	1,06	1,13	1,71	1,95	6,07	2,19 ± 1,52
180	1,54	1,47	< 1	1,03	< 1	1,54	1,68	4,5	1,96 ± 1,15
240	1,5	1,21	< 1	< 1	< 1	1,46	1,59	3,89	1,93 ± 0,99
300	1,37	1,14	< 1	< 1	< 1	1,42	1,58	3,01	1,70 ± 0,67
360	1,22	1,14	< 1	< 1	< 1	1,4	1,5	2,7	1,59 ± 0,57

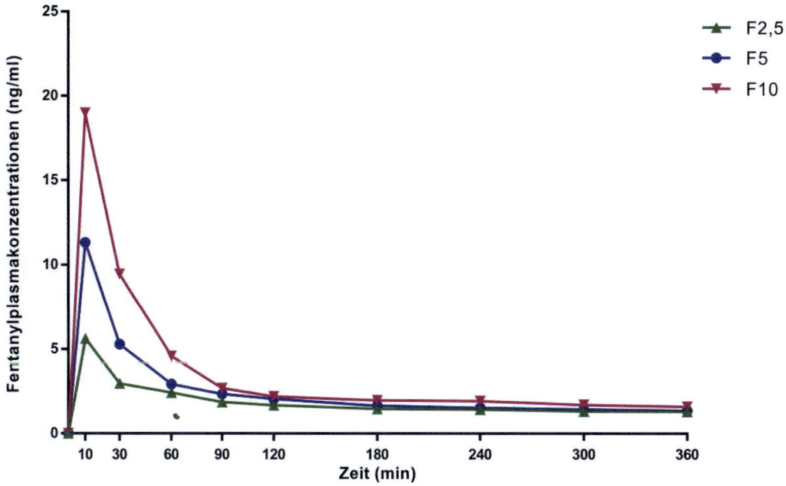

Abb. 15: *Verlauf der Mittelwerte (dargestellt ohne Standardabweichung) der Fentanylplasmakonzentrationen (ng/ml) über die Zeit nach Gabe von 2,5 µg/kg Fentanyl (F2,5), 5 µg/kg Fentanyl (F5) und 10 µg/kg Fentanyl (F10).*

4.5 Pharmakokinetik

Ein Zwei-Kompartimentmodell wurde genutzt um den Abfall der Fentanylkonzentrationen über die Zeit zu beschreiben.

Pharmakokinetische Berechnungen konnten nach Bolusgabe von 2,5 µg/kg Fentanyl bei fünf von acht Probanden mittels der ermittelten Plasmakonzentrationen vorgenommen werden (Tab. 4). Bei den anderen drei Probanden lag ein großer Teil der Ergebnisse unterhalb der Quantifizierungsgrenze (LOQ, Limit of quantification) sodass eine Berechnung von Individualkinetiken nicht möglich war.

Nach der Gabe von 5 µg/kg Fentanyl konnten pharmakokinetische Berechnungen bei sechs der acht Probanden durchgeführt werden (Tab. 5). Bei den anderen zwei Probanden konnte eine Pharmakokinetik aufgrund einer zu geringen Anzahl von Messergebnissen oberhalb der Quantifizierungsgrenze nicht berechnet werden.

Die Auswertung pharmakokinetischer Parameter war nach der Gabe von 10 µg/kg Fentanyl bei sieben der acht Probanden möglich (Tab. 6). Bei lediglich einem Probanden konnte die Ermittlung der Individualkinetik aufgrund einer zu geringen Anzahl von Messergebnissen oberhalb der Quantifizierungsgrenze nicht durchgeführt werden.

Tab. 4: Pharmakokinetische Parameter nach einmaliger intravenöser Bolusgabe von 2,5 µg/kg Fentanyl bei 5 Pferden. Die gemittelten Werte sind angegeben als arithmetischer Mittelwert ± Standardabweichung bzw. als harmonischer Mittelwert (*).

Parameter	(Einheit)	Pferd 1	Pferd 2	Pferd 3	Pferd 7	Pferd 8	Mittelwert ± SD
AUC	(ng/ml/min)	1467,51	1549,46	1693,73	4240,03	2369,71	2264,087 ± 1037,888
Alpha	(1/min)	0,05	0,06	0,04	0,05	0,03	0,047 ± 0,011
Beta	(1/min)	0,001	0,001	0,0009	0,0004	0,001	0,001 ± 0,0004
Alpha_HL	(min)	13,75	12,05	15,7	12,8	25,66	14,858*
Beta_HL	(min)	515,94	606,25	780,91	1799,27	484,4	667,694*
Cmax	(ng/ml)	12,34	13,14	6,12	4,66	10,35	9,319 ± 3,368
Cl	(ml/min/kg)	1,7	1,61	1,48	0,59	1,05	1,288 ± 0,414
AUMC	(min*min*ng/ml)	939315,16	1182422,8	1790427,6		1475958,9	1347031,1 ± 318806,8
MRT	(min)	640,08	763,12	1057,09	2561,62	622,84	1128,95 ± 733,031
Vss	(ml/kg)	1090,41	1231,27	1560,3	1510,38	657,09	1209,89 ± 326,619

AUC = Area under the curve; α = Hybridkonstante der Verteilungsphase; β = Hybridkonstante der Eliminationsphase; α_HL = Halbwertszeit für die Verteilungsphase; β_HL = Halbwertszeit für die Eliminationsphase; C_{max} *= maximale Plasmakonzentration; Cl = Clearance; AUMC = Area under the first moment curve; MRT = mean residence time; Vss = Verteilungsvolumen im Steady State.*

Tab.5: Pharmakokinetische Parameter nach einmaliger intravenöser Bolusgabe von 5 µg/kg Fentanyl bei 6 Pferden. Die gemittelten Werte sind angegeben als arithmetischer Mittelwert ± Standardabweichung bzw. als harmonischer Mittelwert (*).

Parameter	(Einheit)	Pferd 1	Pferd 2	Pferd 3	Pferd 6	Pferd 7	Pferd 8	Mittelwert ± SD
AUC	(ng/ml/min)	2481,16	1276,78	1405,19	2505,86	1967,48	7253,09	2814,925 ± 2040,246
Alpha	(1/min)	0,04	0,09	0,05	0,04	0,09	0,02	0,055 ± 0,027
Beta	(1/min)	0,0006	0,002	0,002	0,0008	0,001	0,0004	0,001 ± 0,0007
Alpha_HL	(min)	19,5	7,4	13,69	16,16	8,0002	39,07	12,713*
Beta_HL	(min)	1159,03	289,39	379,8	891,78	602,58	1778,03	582,831*
Cmax	(ng/ml)	11,42	35,76	17,95	10,65	18,81	18,44	18,84 ± 8,261
Cl	(ml/min/kg)	2,02	3,92	3,56	2	2,54	0,69	2,453 ± 1,071
AUMC	(min*min*ng/ml)	3681346	387364,98	603355,21	2962833,2	1544387,6		1835857,4 ± 1294453,5
MRT	(min)	1483,72	303,39	429,38	1182,36	784,96	2253,88	1072,948 ± 666,413
Vss	(ml/kg)	2989,98	1188,12	1527,82	2359,19	1994,84	1553,74	1935,614 ± 600,762

AUC = Area under the curve; α = Hybridkonstante der Verteilungsphase; β = Hybridkonstante der Eliminationsphase; α_HL = Halbwertszeit für die Verteilungsphase; β_HL = Halbwertszeit für die Eliminationsphase; C_{max} = maximale Plasmakonzentration; Cl = Clearance; AUMC = Area under the first moment curve; MRT = mean residence time; Vss = Verteilungsvolumen im Steady State.

Tab. 6: Pharmakokinetische Parameter nach einmaliger intravenöser Bolusgabe von 10 µg/kg Fentanyl bei 6 Pferden. Die gemittelten Werte sind angegeben als arithmetischer Mittelwert ± Standardabweichung bzw. als harmonischer Mittelwert (*).

Parameter	(Einheit)	Pferd 1	Pferd 2	Pferd 3	Pferd 4	Pferd 6	Pferd 7	Pferd 8	Mittelwert ± SD
AUC	(ng/ml/min)	19461,37	1492,03	1271,82	852,05	4665998,9	1746,1	122405,05	687603,9 ± 1624689,9
Alpha	(1/min)	0,03	0,056	0,07	0,07	0,03	0,12	0,01	0,055 ± 0,032
Beta	(1/min)	0,00007	0,003	0,003	0,01	0	0,002	0,00002	0,003 ± 0,004
Alpha_HL	(min)	21,43	12,32	9,56	10,07	25,27	5,99	47,87	12,523*
Beta_HL	(min)	9412,55	241,92	219,28	60,38	2358605,7	363,13	32957	248,698*
Cmax	(ng/ml)	30,11	33,55	33,8	30,91	11,08	43,63	26,17	29,891 ± 9,151
Cl	(ml/min/kg)	0,51	6,7	7,86	11,74	0,002	5,73	0,08	4,661 ± 4,234
AUMC	(min*min*ng/ml)		339119,32	272447,44	47471,73		732161,76		347800,1 ± 246822
MRT	(min)	12960,77	227,29	214,22	55,72	3402490,6	419,31	46914,07	494754,6 ± 1187183,8
Vss	(ml/kg)	6659,74	1523,34	1684,34	653,9	7292,09	2401,41	3832,69	3435,359 ± 2418,866

AUC = Area under the curve; α = Hybridkonstante der Verteilungsphase; β = Hybridkonstante der Eliminationsphase; α_HL = Halbwertszeit für die Verteilungsphase; β_HL = Halbwertszeit für die Eliminationsphase; C_{max} *= maximale Plasmakonzentration; Cl = Clearance; AUMC = Area under the first moment curve; MRT = mean residence time; Vss = Verteilungsvolumen im Steady State.*

4.6 Analgetisch wirksame Plasmaspiegel

Nach der Bolusgabe von 2,5 µg/kg Fentanyl lässt sich anhand der erstellten Hysteresis-Kurve kein antinozizeptiver Effekt erkennen (Abb. 15).

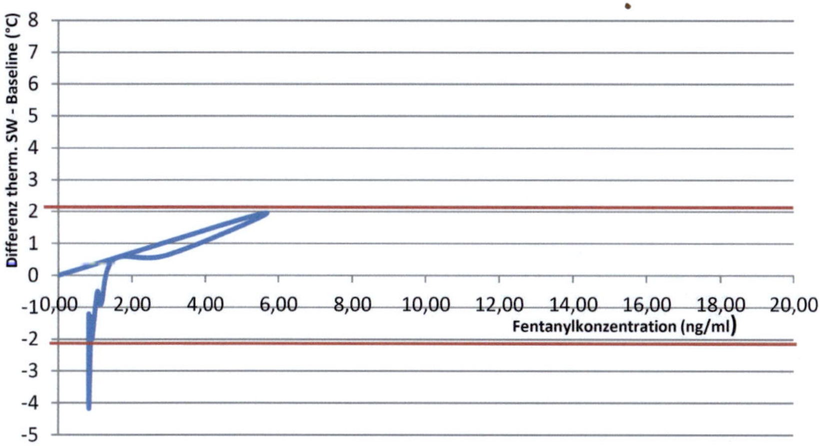

Abb. 16: *Mittlere Fentanylplasmakonzentrationen (ng/ml) nach Bolusgabe von 2,5 µg/kg Fentanyl aufgetragen gegen die mittlere Differenz der thermischen nozizeptiven Schwellenwerte zur Baseline (°C). Als rote Linie dargestellt das mittlere Konfidenzintervall (°C) der thermischen Kontroll-Schwellenwerte vor Bolusgabe von 2,5 µg/kg Fentanyl.*

In der Gruppe F_5 lässt sich anhand der erstellten Hysteresis-Kurve ebenfalls kein antinozizeptiver Effekt nachweisen (Abb. 16).

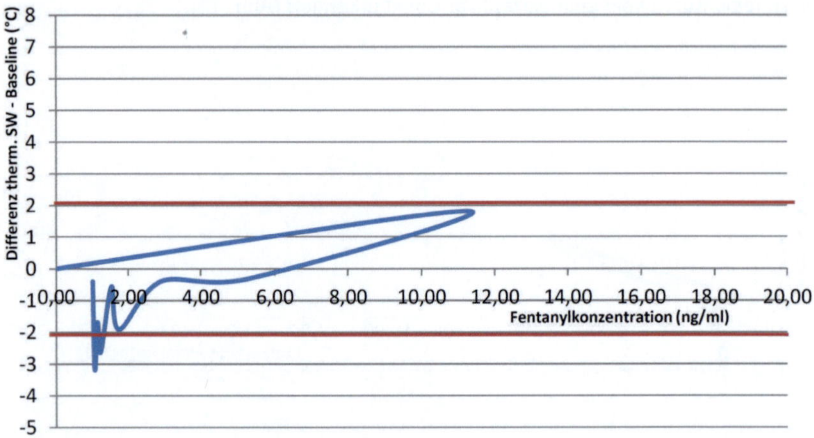

Abb. 17: *Mittlere Fentanylplasmakonzentrationen (ng/ml) nach Bolusgabe von 5 µg/kg Fentanyl aufgetragen gegen die mittlere Differenz der thermischen nozizeptiven Schwellenwerte zur Baseline (°C). Als rote Linie dargestellt das mittlere Konfidenzintervall (°C) der thermischen Kontroll-Schwellenwerte vor Bolusgabe von 5 µg/kg Fentanyl.*

Betrachtet man die Hysteresis-Kurve nach der Bolusgabe von 10 µg/kg Fentanyl so lässt sich ein deutlicher antinozizeptiver Effekt erkennen, welcher sich in einem Anstieg eines Teiles der Hysteresis-Kurve über das Konfidenzintervall hinaus äußert. Die anhand der Hysteresis-Kurve ablesbare minimal notwendige Fentanylkonzentration, die vorhanden sein muss um einen antinozizeptiven Effekt zu bewirken, liegt bei etwas über 6 ng/ml Fentanyl (Abb. 17).

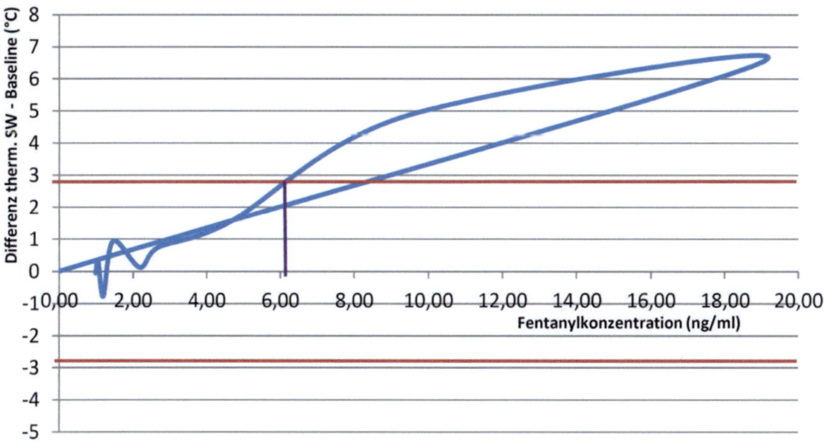

Abb. 18: *Mittlere Fentanylplasmakonzentrationen (ng/ml) nach Bolusgabe von 10 µg/kg Fentanyl aufgetragen gegen die mittlere Differenz der thermischen nozizeptiven Schwellenwerte zur Baseline (°C). Als rote Linien dargestellt das mittlere Konfidenzintervall (°C) der thermischen Kontroll-Schwellenwerte vor Bolusgabe von 10 µg/kg Fentanyl.*

5 Diskussion

Ziel dieser Studie war es, den Einfluss verschiedener Fentanyldosierungen auf den thermischen und den mechanischen Schwellenwert beim Pferd zu evaluieren sowie Vorkommen, Dauer und Ausprägung möglicher Nebenwirkungen aufzuzeichnen. Des Weiteren wurden die Fentanylkonzentrationen im Plasma der Pferde bestimmt, mittels derer analgetisch wirksame Plasmaspiegel kalkuliert und pharmakokinetische Berechnungen durchgeführt wurden.

5.1 Methodik

5.1.1 Bestimmung des thermischen nozizeptiven Schwellenwertes

Die kutane Thermostimulationsmethode mittels Kontaktwärme stellt eine evaluierte Methode zur Erhebung möglicher antinozizeptiver Effekte von Morphinderivaten und anderen Analgetika beim Pferd dar (ROBERTSON et al. 2005a; SANCHEZ u. MERRITT 2005; SANCHEZ et al. 2007; LOVE et al. 2012; POLLER et al. 2013b; DÖNSELMANN IM SANDE et al. 2017).

Die nozizeptive Stimulation der Haut mit Wärme ist eine von verschiedenen Schmerzmodalitäten. Über den auf der Haut aufgebrachten thermischen Reiz werden bestimmte Nozizeptoren in der Haut aktiviert (CLARK u. CLARK 1999). Je nach gewählter Heizrate kommt es vorrangig zu einer Anregung von unmyelinisierten, langsam leitenden C-Fasern oder von dünn myelinisierten, schneller leitenden Aδ-Fasern (MCMULLAN et al. 2004; LOVE et al. 2011). In dieser Studie wurde eine Heizrate von 0,6 °C/s gewählt, wodurch hauptsächlich von einer Aktivierung der unmyelinisierten, langsam leitenden C-Nozizeptoren auszugehen ist (YEOMANS u. PROUDFIT 1996; LOVE et al. 2011). Heutzutage weiß man, dass µ-Agonisten, zu denen das Fentanyl zählt, hauptsächlich auf die C-Fasern einen hemmenden Einfluss haben (COOPER et al. 1986; STRIMBU-GOZARIU et al. 1993). In vorangegangenen Studien konnte gezeigt werden, dass zu langsame Heizraten aufgrund der zeitlich verlängerten Messdauer zu einem teils unruhigen Verhalten der Pferde führen, zu hohe Heizraten dagegen erschweren die eindeutige Identifizierung des Endpunktes oder führen bei Messungen im Bereich des Widerrists zu Verbrennungen (LOVE et al. 2008; LOVE et al. 2011). Die hier angewandte Thermostimulationsmethodik mit einer Heizrate von 0,6 °C/s scheint demnach ein geeignetes Modell zur Erhebung der antinozizeptiven Effekte von Fentanyl am Widerrist beim Pferd zu sein.

Während der Versuche kam es zu keinem aversiven Verhalten gegenüber dem thermischen Testsystem oder dem Untersucher. Der Longiergurt, auf welchem sich das Stimulationsgerät befand, konnte wiederholt angelegt werde, ohne dass die Pferde ein abwehrendes oder in einer anderen Weise verändertes Verhalten zeigten. Ebenso war das Herantreten an die Pferde zwischen den Messvorgängen, um zum Beispiel das Heizelement umzusetzen, problemlos möglich. Da die Pferde sich während der gesamten Versuche in ihren Boxen bewegen konnten, wäre es den Pferden möglich gewesen, sich bei Unwohlsein, Schmerzen oder Angst von dem Untersucher wegzubewegen. Auch während des Messvorganges verhielten sich die Pferde, bis zu ihrer spezifischen Reaktion auf den Stimulus, unverändert zu ihrem Verhalten vor und nach den Messvorgängen.

Um unnötige Gewebeschäden und damit einhergehende Schmerzen bei den Pferden zu verhindern, wurde eine definierte Sicherheitsabschalttemperatur (cut-out) eingestellt. Bei Wahl einer niedrigen Höchsttemperatur von 45 °C erreichten eine Vielzahl der Pferde die cut-out Werte (SANCHEZ et al. 2007; SANCHEZ et al. 2008), wodurch mögliche antinozizeptive Effekte von Arzneimitteln nur schwer statistisch belegbar werden (ELFENBEIN et al. 2009; LOVE et al. 2011). Lediglich zu geringen, nicht druckdolenten Schwellungen kam es bei einer definierten Sicherheitsabschalttemperatur von 54 °C (POLLER et al. 2013a). In der vorliegenden Studie konnten mit einer cut-out Temperatur von 56 °C die antinozizeptiven Effekte gut evaluiert werden. Die gering ausgeprägten Hautreaktionen, die bei einigen Pferden nach Erreichen des cut-out Wertes auftraten, heilten innerhalb weniger Tage komplikationslos ab.

Ein Lerneffekt, der sich in Form einer frühzeitigen bewussten Reaktion äußern würde, wurde bei keinem der Versuchspferde beobachtet. Da das thermische Stimulationsgerät über eine Fernbedienung gesteuert wurde, konnte der Untersucher während des Messvorganges außerhalb der Box stehen. Es gab somit kein Ereignis, welches die Pferde mit dem Beginn eines Messvorganges in direkte Verbindung hätten setzen können. Die gemittelten thermischen Schwellenwerte in der Kontrollgruppe verhielten sich über den gesamten Versuchszeitraum stabil. Ebenso kam es bei den gemittelten thermischen Schwellenwerten vor der Arzneimittelgabe zu keinen relevanten Abweichungen zwischen den Behandlungsgruppen.

Als Lokalisation für die thermische Stimulation wurde in dieser Studie der Widerrist gewählt. Eine bekannte Nebenwirkung bei Einsatz von Opioiden beim Pferd ist die zentral ausgelöste Erhöhung der lokomotorischen Aktivität (COMBIE et al. 1981; BENNETT u. STEFFEY 2002), welche auch für Fentanyl beschrieben ist (TOBIN et al. 1979b; KAMERLING et al. 1985a; MAMA et al. 1993). Aufgrund dessen stellten einige Autoren die Vermutung auf, dass es bei Messungen im Bereich des Beines gegebenenfalls zu Messungenauigkeiten kommen könnte, da die Reaktion auf den Stimulus nicht eindeutig von einer Bewegung des Beines aufgrund von einer erhöhten motorischen Aktivität zu differenzieren sei (KAMERLING et al. 1985b; LOVE et al. 2011). Bei Messungen am Widerrist ist dagegen nicht von einer Interferenz aufgrund einer lokomotorischen Stimulation auszugehen.

Insekten stellen einen Faktor dar, der unter Umständen mit der Erkennung des Endpunktes bei thermischer Stimulation am Widerrist interferieren kann (LOVE et al. 2011). Die häufigste Reaktion auf die thermische Stimulation am Widerrist ist die Auslösung eines Pannikulusreflexes (POLLER et al. 2013a), was ebenfalls eine zu beobachtende Reaktion im Rahmen von Abwehrverhalten gegenüber Insekten darstellt. Um einen möglichen störenden Einfluss weitestgehend zu minimieren, wurden die Pferde vor den Messungen mit Repellentien behandelt und trugen während der Messungen eine modifizierte Fliegendecke. Aufgrund der geografischen Gegebenheiten, dem geschützten Versuchsablauf in Ställen sowie den getroffenen Sicherheitsvorkehrungen (Repellentien, Fliegendecke) konnte ein Insektenbefall der Pferde nicht beobachtet werden, so dass diesbezüglich von keinem störenden Faktor auszugehen ist.

Einen entscheidenden Parameter bei der Erhebung des thermischen nozizeptiven Schwellenwertes stellt des Weiteren die Umgebungstemperatur dar, welche die Hauttemperatur und somit auch den Aufheizvorgang der Haut maßgeblich beeinflussen kann (BERRY et al. 1984; POLLER et al. 2013a). Es ist beschrieben, dass die thermischen nozizeptiven Schwellenwerte erhöht sind, wenn die Umgebungstemperatur unter 10 °C liegt (POLLER et al. 2013a). Die Versuche fanden aus diesem Grund jahres- und tageszeitlich so statt, dass während der Messungen Umgebungstemperaturen zwischen 10 °C und 25 °C herrschten.

Ein Nachteil der hier angewandten thermischen Stimulation mittels Kontaktwärmeverfahren ist die mögliche zusätzliche Aktivierung von Mechanorezeptoren, welche durch den Kontakt des Heizelementes mit der Haut zustande kommt (SVENSSON et al. 1997). Um dem weitestgehend vorzubeugen, wurde das Heizelement schon einige Minuten vor Beginn der thermischen Stimulation auf die Haut aufgebracht. Des Weiteren befand sich das Heizelement auf einem luftgefüllten Kissen, welches gewährleistete, dass der Kontaktdruck über den gesamten Versuchszeitraum stabil war (SVENSSON et al. 1997; MCMULLAN et al. 2004).

5.1.2 Bestimmung des mechanischen nozizeptiven Schwellenwertes

Die Erhebung von mechanischen nozizeptiven Schwellenwerten ist neben der thermischen Stimulation ebenfalls ein seit einigen Jahren bei verschiedenen Tierarten evaluiertes Modell (NOLAN et al. 1987, CHAMBERS et al. 1990; CHAMBERS et al. 1994; WHAY et al. 1998). In der Entwicklungsphase der mechanischen Stimulationsgeräte sind verschiedene Methoden angewandt und untersucht worden (CLUTTON-BROCK 1957; DUNDEE u. MOORE 1960; BOVE 2006), wobei für eine objektive Evaluierung von mechanischen nozizeptiven Schwellenwerten unter klinischen Bedingungen entscheidend ist, dass eine definierte und messbare Kraft auf ein festgelegtes und immer gleich großes Areal aufgebracht wird (LOVE et al. 2011). Dies konnte in der vorliegenden Studie durch das verwendete mechanische Messgerät MT1 gewährleistet werden.

Als Lokalisation für die mechanische Druckapplikation eignet sich beim Pferd vor allem das dorsale Röhrbein, da hier aus anatomischer Sicht wenig interindividuelle Variabilität besteht und nur wenig Weichteilgewebe zwischen Haut und Periost vorhanden ist (LOVE et al. 2011). Hinzu kommt, dass im Bereich des Beines eine Befestigung der Untersuchungsgeräte einfach zu handhaben ist. Ein Nachteil der Gliedmaßen als Ort für die Stimulation ist, dass die Erkennung des eindeutigen Endpunktes gegebenenfalls mit einer Opioid-induzierten Erhöhung der motorischen Aktivität interferieren kann (CARREGARO et al. 2007). In der vorliegenden Studie kam es nach der Fentanylapplikation bei einigen Pferden zu einer Phase der dosisabhängigen gesteigerten lokomotorischen Aktivität. Trotz des unterschiedlich stark ausgeprägten Drangwanderns war es bei allen Pferden zu jedem Messzeitpunkt möglich den mechanischen nozizeptiven Schwellenwert zu erkennen, da sich die Reaktion auf den mechanischen Stimulus von dem Heben des Beines im Rahmen des Drangwanderns in seiner Deutlichkeit und Art unterschied. Somit waren die Reaktionen auf den mechanischen Stimulus am Bein deutlich zu erkennen und

klar abgrenzbar von ungerichteten Laufbewegungen im Rahmen einer Opioid-induzierten motorischen Stimulation.
Während der gesamten Versuchsperiode kam es zu keinem aversiven Verhalten der Pferde gegenüber dem Untersucher oder den Testgeräten. Das Anlegen der modifizierten Gamasche beziehungsweise das Wechseln der Gamaschen zwischen den beiden Vorderbeinen zwischen den Messzeitpunkten war möglich, ohne dass die Pferde ein abwehrendes Verhalten zeigten.
Ein Lerneffekt, der sich in Form einer frühzeitigen bewussten Reaktion äußert, ist bei wiederholten mechanischen Messungen über mehrere Wochen beschrieben (CHAMBERS et al. 1990). Einen Einfluss auf den beobachteten Lerneffekt hatte hierbei sicher die Tatsache, dass die Pferde während der Messungen am Halfter fixiert worden sind. Dagegen konnte bei LUNA et al. (2015) sowie in der vorliegenden Studie kein Lerneffekt beobachtet werden. Die gemittelten mechanischen Schwellenwerte in der Kontrollgruppe verhielten sich über den gesamten Versuchszeitraum stabil. Ebenso kam es bei den gemittelten mechanischen Schwellenwerten vor der Arzneimittelgabe zu keinen relevanten Abweichungen zwischen den Behandlungsgruppen. In der vorliegenden Studie waren die Pferde während der Messungen nicht fixiert, sondern konnten sich frei in ihren Boxen bewegen. Das in dieser Studie verwendete mechanische Stimulationsgerät (MT1) war nicht wie das thermische Messgerät WTT2 von außerhalb der Box per Fernbedienung steuerbar. Trotzdem konnte sich der Untersucher aufgrund eines langen Verbindungskabels zwischen der Steuereinheit und dem Krafterzeuger relativ weit vom Pferd wegbewegen und dadurch während des Messvorganges so wenig wie möglich mit dem Pferd interagieren oder dieses in seinem normalen Verhalten stören. Zusätzlich wurde, um der möglichen Entstehung eines Lerneffektes vorzubeugen, nach jedem Messzeitpunkt die modifizierte Gamasche, mittels welcher der mechanische Stimulus appliziert wurde, zwischen den beiden Vorderbeinen gewechselt (an die jeweilige kontralaterale Vordergliedmaße wurde eine handelsübliche Gamasche aufgebracht). Im Zuge dessen fand nach jedem Messzeitpunkt eine Überprüfung der Haut auf mögliche Läsionen oder anderweitige Veränderungen statt. Während der gesamten Messperiode wurde bei keinem der Pferde zu irgendeinem Zeitpunkt ein Schaden der Haut oder der darunterliegenden Gewebe im Bereich der Messlokalisation beobachtet. LUNA et al. (2015) konnten in ihrer Studie ebenfalls keine Alterationen im Bereich der Messlokalisation feststellen.

Der eingestellte Sicherheitsabschaltdruck von 20 Newton wurde in keiner der Messungen annäherungsweise erreicht. Auch ein niedrigerer cut-out Wert von beispielsweise 15 Newton, wie in anderen Studien verwendet (LOVE et al. 2012), wäre von keinem der Pferde erreicht worden. Den Ergebnissen der vorliegenden Studie zugrundeliegend würde ein niedrigerer Sicherheitsabschaltdruck, als der in dieser Studie verwendete (< 20 Newton), ausreichen.

Bei der mechanischen Stimulation mittels pneumatischem Krafterzeuger wird ein Pin mit einer in Form und Größe definierten Auflagefläche gegen die Hautoberfläche gedrückt. Die Verwendung eines schmal zulaufenden Pins mit einer Spitze von 1 mm, wie in der vorliegenden Studie verwendet, resultiert in niedrigen und wenig variablen Schwellenwerten (TAYLOR et al. 2016). Die gemittelten mechanischen nozizeptiven Schwellenwerte der Kontrollgruppe sowie der Messungen vor der Arzneimittelgabe waren vergleichbar mit den mechanischen Schwellenwerten von Kontrollgruppen, die in anderen Studien erhoben wurden und verhielten sich stabil über den gesamten Messzeitraum (CHAMBERS et al. 1994; LOVE et al. 2012; LUNA et al. 2015; TAYLOR et al. 2016).

5.1.3 Fentanyldosierungen

Beim Pferd wird die analgetische Wirkung von µ-Agonisten häufig aufgrund einer Stimulation des Sympathikus und des zentralen Nervensystems von einer erregenden Komponente und einer vermehrten lokomotorischen Stimulation begleitet (TOBIN et al. 1979b; PASCOE et al. 1991; KAMERLING 1993; MAMA et al. 1993; BENNETT u. STEFFEY 2002; CARREGARO et al. 2007). Aufgrund dieser exzitatorischen Nebenwirkungen findet die Anwendung von Opioiden in der Praxis häufig in Kombination mit α_2-Agonisten oder Acepromazin statt (CLARKE u. PATON 1988). Ziel dieser Studie war es den reinen Effekt von verschiedenen Fentanyldosierungen auf die nozizeptiven Schwellenwerte beim Pferd zu evaluieren sowie die bei alleiniger Gabe auftretenden Nebenwirkungen zu beschreiben.

Bei einem Auftreten von Nebenwirkungen, welche die Erhebung der nozizeptiven Schwellenwerte erschwert oder unmöglich gemacht hätten, wie beispielsweise einer hochgradig ausgeprägten lokomotorischen Stimulation, wäre die Gabe von Acepromazin das Mittel der Wahl gewesen. Acepromazin vermittelt keine somatischen antinozizeptiven Effekte (SANCHEZ et al. 2008; LOVE et al. 2012) und hat somit keinen Einfluss auf die thermischen nozizeptiven Schwellenwerte (POLLER et al. 2013b), das Opioid-induzierte Drangwandern wird jedoch deutlich reduziert

(COMBIE et al. 1981; PASCOE u. TAYLOR 2003). Die Evaluierung der analgetischen Wirkung von Fentanyl mittels thermischer Stimulation ist somit auch unter zusätzlicher Gabe von Acepromazin möglich (POLLER et al. 2013b). Die Aussagekraft der mechanischen nozizeptiven Schwellenwerte bei Stimulation im Bereich des Beines unter Acepromazingabe ist bislang nicht explizit untersucht worden, aufgrund der nicht vorhandenen antinozizeptiven Wirkung von Acepromazin wäre aber keine Beeinflussung der Schwellenwerte zu erwarten gewesen. In der vorliegenden Studie war zu keinem Zeitpunkt die Gabe von Acepromazin indiziert. Die Erhebung der thermischen und der mechanischen nozizeptiven Schwellenwerte war trotz des bei einigen Pferden auftretenden Drangwanderns problemlos möglich und die Endpunke waren eindeutig zu identifizieren.

Bei der Wahl der drei verschiedenen Fentanyldosierungen orientierte man sich an Angaben aus der Literatur (TOBIN et al. 1979a; TOBIN et al. 1979b; COMBIE et al. 1981; KAMERLING et al. 1985a; KAMERLING et al. 1985b; MAMA et al. 1993; KNYCH et al. 2015a).

Die intravenöse Gabe von Fentanyl erfolgte verdünnt in 150 ml isotoner Natriumchloridlösung über einen Zeitrahmen von fünf Minuten als Kurzinfusion. Eine bekannte Nebenwirkung nach intravenöser Morphinapplikation in der Humanmedizin ist die Histaminausschüttung (WITHINGTON et al. 1993). Diese ist nach Fentanylgabe beim Pferd nicht beschrieben. Trotz allem konnte eine potenzielle Histaminausschüttung oder ein stark exzitatorisch wirkender Effekt bei Sturzinjektion nicht gänzlich ausgeschlossen werden, sodass die Applikation als Kurzinfusion gewählt wurde.

5.2 Ergebnisse

5.2.1 Einfluss von Fentanyl auf das Verhalten und die lokomotorische Aktivität

Nach der Gabe von Fentanyl konnte dosisabhängig ein verändertes Verhalten in Form von Unruhe und einer gesteigerten Aufmerksamkeit beobachtet werden. Die Phase der erhöhten Aufmerksamkeit war bei den meisten Probanden über einen Zeitraum von 10 Minuten zu erkennen, maximal hielt dieser Effekt für etwa 30 Minuten an. Mit steigender Dosierung zeigten prozentual mehr Pferde einen Effekt und dieser war zudem stärker ausgeprägt. Bei keinem der Pferde konnte in einer der drei Behandlungen ein sedierender Effekt beobachtet werden. Die Beobachtungen stimmen mit den in der Literatur beschriebenen Wirkungen überein, bei denen ein sedierender Effekt von µ-Agonisten beim erwachsenen Pferd nicht beobachtet werden kann und anstelle dessen paradoxe Erregungserscheinungen und eine Stimulation des Sympathikus sowie des zentralen Nervensystems in den Vordergrund treten (KAMERLING 1993).

In Bezug auf die Erhöhung der lokomotorischen Aktivität konnte ebenfalls ein kurzer dosisabhängiger Effekt dokumentiert werden, welcher sich zeitlich und in Bezug auf das Ausmaß in etwa mit der Phase der gesteigerten Aufmerksamkeit deckte. Mit Erhöhung der Fentanyldosis zeigten prozentual mehr Pferde eine Phase der gesteigerten Lokomotion, des Weiteren nahmen Grad sowie Dauer der erhöhten lokomotorischen Aktivität mit steigenden Dosierungen zu. Schwanken, Niedergehen oder ataktische Bewegungen der Pferde waren bei den in der vorliegenden Studie eingesetzten Dosierungen nicht zu beobachten.

Die in der vorliegenden Studie erhobenen Befunde decken sich mit den Beobachtungen von KAMERLING et al. (1985a), welche bei Einsatz der gleichen Dosierungen (2,5 / 5 / 10 µg/kg) eine dosisabhängige Erhöhung der lokomotorischen Aktivität beschrieben haben. Auch die Untersuchungen von TOBIN et al. (1979b) zeigen ähnliche Ergebnisse. TOBIN et al. (1979b) untersuchten die Effekte von Fentanyl in einem größeren Dosierungsbereich (1 – 40 µg/kg). In der niedrigsten Dosierung von 1 µg/kg, welche noch unterhalb der in der vorliegenden Studie verwendeten niedrigsten Dosierung lag, konnte kein Effekt auf die Lokomotion nachgewiesen werden (TOBIN et al. 1979b). Zwischen 5 – 20 µg/kg konnte sowohl eine verlängerte Dauer der lokomotorischen Stimulation als auch eine gesteigerte Rate an Schritten pro Zeiteinheit festgestellt werden (TOBIN et al. 1979b). Mit weiterer Dosiserhöhung (40 µg/kg), welche deutlich über der in der vorliegenden Studie eingesetzten Höchstdosis lag, zeigte sich keine weitere Steigerung in Bezug auf die lokomotorische Aktivität, stattdessen wurden ataktische Bewegungen und ein Schwanken der Pferde bis zum Niedergehen beobachtet (TOBIN et al. 1979b).

Die in der vorliegenden Studie zu beobachtende Dauer der lokomotorischen Stimulation von etwa 10 bis maximal 30 Minuten deckt sich ebenfalls mit den in der Literatur beschriebenen Beobachtungen: der Höhepunkt der gesteigerten lokomotorischen Aktivität ließ sich innerhalb von vier Minuten (TOBIN et al. 1979b; KAMERLING et al. 1985a) bis zehn Minuten (COMBIE et al. 1981; MAMA et al. 1993) nach der Fentanylgabe erkennen und insgesamt konnte für 20 - 24 Minuten

eine signifikante Erhöhung der Schritte pro Zeiteinheit festgestellt werden (KAMERLING et al. 1985a; MAMA et al. 1993).
Ein Nachteil der vorliegenden Studie in Bezug auf die Bestimmung der lokomotorischen Stimulation ist, dass der Grad der lokomotorischen Aktivität nur zu den jeweiligen Messzeitpunkten und nicht beispielsweise im Minutentakt erhoben wurde, wodurch eine exakte Bestimmung der Dauer nicht möglich war. Des Weiteren erfolgte keine rein objektive numerische Auswertung im Rahmen eines Auszählens der Schrittrate, sondern lediglich eine Einteilung in eine geringgradig, mittelgradig oder hochgradig ausgeprägte lokomotorische Stimulation.

5.2.2 Einfluss von Fentanyl auf die Herz- und Atemfrequenz

Bei einigen Tierarten kommt es nach der Gabe von µ-Agonisten zu einer Atemdepression und einer Bradykardie (KAMERLING et al. 1989). Beim Pferd werden diese Effekte aufgrund einer im Vordergrund stehenden Erregung des Sympathikus und des zentralen Nervensystems meist nicht beobachtet, stattdessen ist ein dosisabhängiger Anstieg der Herz- und Atemfrequenz beschrieben (KAMERLING et al. 1985a; KAMERLING et al. 1989; KAMERLING 1993).
In der vorliegenden Studie konnte in keiner der Gruppen nach der Fentanylapplikation eine signifikante Veränderung der Herz- oder der Atemfrequenz im Vergleich zur eigenen Kontrolle beobachtet werden. Eine geringgradige Erhöhung der Herzfrequenz direkt nach der Fentanylapplikation konnte jedoch dokumentiert werden. Die erste Bestimmung der Herz- und Atemfrequenz nach der Fentanylgabe fand nach etwa zehn Minuten statt. Gegebenenfalls kam es innerhalb dieser ersten zehn Minuten zu einer kurzzeitigen deutlicheren Erhöhung von Herz- oder Atemfrequenz, welche mit dem hier angewandten Messprotokoll nicht entdeckt wurde. Eine Optimierung der Methodik wäre die durchgehende Dokumentation der Herzfrequenz mittels Tele-EKG.
Der Einfluss von Fentanyl in den hier eingesetzten Dosierungen auf das kardiorespiratorische System ist aufgrund der in dieser Studie erhobenen Befunde als klinisch nicht relevant zu erachten.

5.2.3 Einfluss von Fentanyl auf den Darmtrakt

Der hemmende Effekt von µ-Agonisten auf die Motilität der glatten Muskulatur des Magen-Darm-Traktes ist eine bekannte und häufig beschriebene Nebenwirkung (DAVIES u. GERRING 1983; BOSCAN et al. 2006). Klinisch äußert sich die

Dämpfung der intestinalen propulsiven Motilität in einer Herabsetzung der auskultatorischen Darmgeräusche sowie in einem verminderten Kotabsatz (ROGER et al. 1994; BOSCAN et al. 2006; KNYCH et al. 2015a). Es gibt nur wenige Studien, die die Wirkung von Fentanyl auf den Gastrointestinaltrakt untersucht haben. In der Studie von ROGER et al. (1994) kam es nach der intravenösen Gabe von 10 µg/kg sowie 50 µg/kg Fentanyl zu einer dosisabhängigen Hemmung der propulsiven Motilität und zu einem Verschluss des Sphinkters zwischen Zäkum und Kolon. Der Effekt ist über eine Dauer von 50 Minuten (10 µg/kg) bzw. über eine Dauer von 129 Minuten (50 µg/kg Fentanyl) zu beobachten (ROGER et al. 1994). In der vorliegenden Studie konnte kein Effekt von Fentanyl auf den Gastrointestinaltrakt nachgewiesen werden. Da das hier verwendete Messprotokoll nur die auskultatorische Beurteilung der Darmgeräusche zu den einzelnen Messzeitpunkten vorgesehen hat, ist nicht auszuschließen, dass es nicht auch bei den hier eingesetzten Fentanyldosierungen zu einem hemmenden Effekt auf die gastrointestinale Motilität gekommen ist, dieser Effekt lediglich mit dieser Methodik nicht sensibel bestimmt werden konnte. Gegebenenfalls ist die hemmende Wirkung von Fentanyl auf den Gastrointestinaltrakt zu kurz um einen klinisch sichtbaren Effekt nach Bolusgabe zu produzieren. Zusammenfassend lässt sich sagen, dass Fentanyl in keiner der drei angewandten Dosierungen einen klinisch sichtbaren bzw. das Allgemeinbefinden beeinträchtigenden Effekt auf den Gastrointestinaltrakt aufwies.

5.2.4 Einfluss von Fentanyl auf die nozizeptiven Schwellenwerte

Für das Pferd gibt es im Vergleich zu anderen Spezies nur wenig publizierte Daten, was den intravenösen Einsatz von Fentanyl, mögliche Dosierungen und deren analgetische Potenz betrifft.

In der vorliegenden Studie wurde nach der intravenösen Gabe von 10 µg/kg Fentanyl eine kutane Antinozizeption durch die Erhöhung der thermischen und mechanischen Schwellenwerte über eine Zeitdauer von 10 – 30 Minuten nachgewiesen. Die thermischen Schwellenwerte zeigten hierbei eine signifikante Erhöhung über 30 Minuten, die mechanischen Schwellenwerte waren dagegen nur über einen Zeitraum von 10 Minuten signifikant erhöht. In den beiden eingesetzten niedrigeren Dosierungen (2,5 µg/kg und 5 µg/kg Fentanyl) konnte kein signifikanter antinozizeptiver Effekt nachgewiesen werden. Eine Erhöhung der thermischen und der mechanischen nozizeptiven Schwellenwerte zum Messzeitpunkt t_{10} wurde jedoch in beiden Dosierungen aufgezeichnet und lässt somit auch für Dosierungen unter 10 µg/kg auf einen antinozizeptiven Effekt schließen. In einer Studie von KAMERLING et al. (1985b) konnte für identische Dosierungen ebenfalls ein signifikanter dosisabhängiger antinozizeptiver Effekt mithilfe eines thermischen Stimulationsmodelles ermittelt werden (KAMERLING et al. 1985a; KAMERLING et al. 1985b). Die Erhebung des möglichen antinozizeptiven Effektes erfolgte hierbei über die Bestimmung der Latenzzeit des Pannikulusreflexes nach thermischer Stimulation und nicht wie in der vorliegenden Studie mithilfe der Kontaktwärmestimulation und der Bestimmung von nozizeptiven Schwellenwerten. Nach der Gabe von 10 µg/kg Fentanyl wurde ein 20 minütiger antinozizeptiver Effekt beobachtet (KAMERLING et al. 1985a), was sich mit den Ergebnissen der vorliegenden Studie deckt.

Zum Messzeitpunkt t_{300} konnte in den Gruppen $F_{2,5}$ und F_5 ein erniedrigter thermischer nozizeptiver Schwellenwert beobachtet werden. Es ist bekannt, dass Opioide neben ihrer antinozizeptiven Wirkung Schmerz-verstärkende pronozizeptive Effekte im Sinne einer Hyperalgesie auslösen können (ALI 1986; YAKSH et al. 1986; KOPPERT 2004). Für Fentanyl ist sowohl beim Menschen als auch bei verschiedenen Tierarten die sogenannte Opioid-induzierte Hyperalgesie beschrieben (CELERIER et al. 2000; WEI u. WEI 2012; MAUERMANN et al. 2016). Für das Pferd ist eine mögliche Fentanyl-induzierte Hyperalgesie bislang nicht untersucht oder beschrieben worden. Gegebenenfalls ist der erniedrigte thermische nozizeptive Schwellenwert in den beiden niedrigeren Dosierungen zum beschriebenen Messzeitpunkt (300 Minuten nach der AM-Applikation) jedoch ein Ausdruck ebendieser Hyperalgesie. In der Gruppe F_{10} kann eine Erniedrigung der Schwellenwerte im Verlauf über die Zeit bzw. zu einem der späteren Messzeitpunkte nicht nachvollzogen werden. Im Gegensatz dazu stehen die Ergebnisse von CELERIER et al. (2000), die zeigen konnten, dass bei der Ratte mit steigenden Fentanyldosierungen der Effekt der Hyperalgesie umso deutlicher ausgeprägt erschien. Weitere Studien wären nötig, um eine mögliche Fentanyl-induzierte Hyperalgesie beim Pferd genauer zu untersuchen. Auffallend ist, dass ebenfalls in der Placebo-Gruppe ein erniedrigter thermischer nozizeptiver Schwellenwert beobachtet werden konnte (Messzeitpunkt t_{240}). Bei einer Erniedrigung von nozizeptiven Schwellenwerten bei wiederholten Messungen über einen längeren Zeitraum könnte auch eine frühzeitige bewusste Reaktion im Rahmen eines Lerneffektes ursächlich sein. Da es jedoch in den drei Gruppen ($F_{2,5}$, F_5 und P) lediglich zu jeweils nur einem Messzeitpunkt (t_{300} oder t_{240}) zu einer frühzeitigeren

Reaktion im Vergleich zu den anderen Messzeitpunkten gekommen ist, ist die Entwicklung eines Lerneffektes unwahrscheinlich bzw. auszuschließen. Es ist daher davon auszugehen, dass zum Messzeitpunkt t_{300} in den Gruppen $F_{2,5}$ und F_5 ein pronozizeptiver Effekt von Fentanyl im Rahmen einer induzierten Hyperalgesie zu beobachten ist. Der erniedrigte thermische Schwellenwert in der Placebogruppe lässt sich nur als Zufallsbefund erklären.

5.2.5 Fentanylplasmakonzentration und Pharmakokinetik

Publizierte Daten zu pharmakokinetischen Parametern nach der intravenösen Bolusgabe von Fentanyl beim Pferd existieren zum aktuellen Zeitpunkt nur in limitierter Form. Lediglich zwei Autoren (MAXWELL et al. 2003; THOMASY et al. 2007) befassten sich in ihren Untersuchungen mit dieser Thematik. Sie beschreiben nach der einmaligen intravenösen Bolusgabe von Fentanyl (3,4 – 4,3 µg/kg) einen initialen schnellen Abfall der Fentanylkonzentration, gefolgt von einer langsameren Phase und einer errechneten Eliminationshalbwertszeit von 60 - 130 Minuten (MAXWELL et al. 2003; THOMASY et al. 2007). Beide Autoren wählten für die modellhafte Beschreibung des Konzentrationsverlaufes über die Zeit ein Drei-Kompartiment-Modell. In der vorliegenden Studie wurde ein Zwei-Kompartiment-Modell verwendet, da initial nur wenige Proben genommen wurden und die erste schnelle Umverteilung nicht erfasst wurde. Es konnte ebenfalls ein schneller Abfall gefolgt von einer langsamen Disposition dargestellt werden. Die mittleren Eliminationshalbwertszeiten lagen in der vorliegenden Studie bei 667,7 min ($F_{2,5}$), 582,8 min (F_5) und 248,7 min (F_{10}) und somit deutlich über den von THOMASY et al. (2007) und MAXWELL et al. (2003) beschriebenen Eliminationshalbwertszeiten. Bei einem Vergleich der beiden unterschiedlichen Kompartiment-Modelle zueinander wäre eigentlich davon auszugehen, dass der Konzentrationsabfall in der terminalen Phase des Zwei-Kompartiment-Modells (β Phase), wie in der vorliegenden Studie gewählt, in etwa der γ-Phase eines Drei-Kompartiment-Modells entspricht, da vor allem die initiale Phase (α Phase) nicht erfasst wurde. Die Ursache, warum die Eliminationshalbwertszeiten in der vorliegenden Studie um ein so Vielfaches höher sind als in den zuvor genannten zwei anderen Studien könnte in der Anzahl der pharmakokinetisch auswertbaren Pferde begründet sein. Die in dieser Studie vorliegende Quantifizierungsgrenze von 1,0 ng/ml Fentanyl war in der Gruppe $F_{2,5}$ bei drei von acht Pferden (37,5%) bereits zum Messzeitpunkt t_{60} erreicht. Da eine Berechnung von Individualkinetiken dieser drei Pferde deshalb nicht möglich war, ergaben sich die gemittelten pharmakokinetischen Parameter, wie also auch die Eliminationshalbwertszeit der Gruppe $F_{2,5}$ nur aus den Werten der restlichen fünf Pferde. Die drei Pferde mit der schnelleren Ausscheidung fielen also aus der Berechnung des Mittels heraus, wodurch die Eliminationshalbwertszeit fälschlich als zu hoch berechnet wurde. In der Gruppe F_5 lagen zwei der acht Pferde (25%) zum Messzeitpunkt t_{90} unterhalb der Quantifizierungsgrenze, wodurch auch hier die Berechnung von sinnvollen Dispositionskurven nicht möglich war und die in der vorliegenden Studie errechnete Eliminationshalbwertszeit als zu hoch anzusehen ist. In der Gruppe F_{10} fiel lediglich ein Pferd aus der Mittelwertberechnung heraus.

Erwähnenswert hierbei ist, dass zwei der Pferde (Pferd 4 und Pferd 5) in allen drei Gruppen diejenigen waren, die sehr schnell Plasmawerte unterhalb der Quantifizierungsgrenze erreichten. Dies spricht für eine individuelle, eventuell genetisch bedingte Metabolisierungsrate von Fentanyl zu PMA.

Von MAXWELL et al. (2003) und THOMASY et al. (2007) wurden für das Pferd scheinbare Verteilungsvolumen von Fentanyl im Fließgleichgewicht (steady state) von 0,37 – 0,68 L/kg beschrieben. In der vorliegenden Studie konnten Werte für das scheinbare Verteilungsvolumen im steady state von 1,2 L/kg ($F_{2,5}$), 1,9 L/kg (F_5) und 3,4 L/kg (F_{10}) erhoben werden. Diese Werte liegen deutlich über den von MAXWELL et al. (2003) und THOMASY et al. (2007) ermittelten Verteilungsvolumina, für andere Spezies sind jedoch ähnliche Werte beschrieben (CARROLL et al. 1999; LEE et al. 2000; KUKANICH u. ALLEN 2014; PYPENDOP et al. 2014). Die Unterschiede in den scheinbaren Verteilungsvolumen könnten unter anderem aufgrund der unterschiedlichen Applikationsweise zustande gekommen sein. In der vorliegenden Studie wurde der Wirkstoff in 150 ml isotoner Natriumchloridlösung gelöst über fünf Minuten als Kurzinfusion verabreicht. In der Studie von THOMASY et al. (2007) erfolgte die AM-Applikation dagegen über einen Zeitraum von 30 Sekunden als Bolusinjektion. MAXWELL et al. (2003) geben keinen Zeitrahmen an, was darauf schließen lassen könnte, dass die 2 mg Fentanyl ebenfalls als Bolusinjektion intravenös verabreicht wurden. Zusätzlich gibt es eine Vielzahl an weiteren individuellen Faktoren, welche Einfluss auf das jeweilige Verteilungsvolumen eines Wirkstoffes nehmen, wie unter anderem Alter, Körperzusammensetzung sowie Anteil an verschiedenen Bluteiweißen.

THOMASY et al. (2007) und MAXWELL et al. (2003) beschreiben eine mittlere Fentanyl-Clearance von 5,9 – 9,2 ml/min/kg. In der vorliegenden Studie liegen die

Werte für die mittlere Clearance von Fentanyl bei 1,3 ml/min/kg ($F_{2,5}$), 2,5 ml/min/kg (F_5) und 4,7 ml/min/kg (F_{10}) und sind somit deutlich niedriger. Dies lässt sich zum einen durch die gewählte Applikationsweise als Kurzinfusion erklären, zum anderen durch die zuvor bereits beschriebene Selektion der Pferde, welche eine langsamere Ausscheidung aufweisen und somit eine niedrigere Clearance haben.

5.2.6 Analgetisch wirksame Plasmaspiegel

Analgetisch wirksame Plasmaspiegel von Fentanyl sind zum aktuellen Zeitpunkt nicht in ausreichender Form für das Pferd evaluiert. SANCHEZ et al. (2007) beschreiben, dass bei mittleren Plasmakonzentrationen von 7,82 ± 2,10 ng/ml erhöhte thermische nozizeptive Schwellenwerte beobachtet werden konnten. Allerdings wurden von SANCHEZ et al. (2007) keine signifikanten Veränderungen der Schwellenwerte während dieser Plasmakonzentrationen nachgewiesen. Bei Plasmakonzentrationen zwischen 5 und 6 ng/ml waren die thermischen Schwellenwerte nicht mehr erhöht, jedoch noch größer als der Nullwert (SANCHEZ et al. 2007).

Für den Menschen sowie für Kleintiere existiert eine deutlich größere Anzahl von Daten bezüglich analgetisch wirksamer Fentanylplasmaspiegel (GOURLAY et al. 1988; PENG u. SANDLER 1999; ROBINSON et al. 1999; ROBERTSON et al. 2005b). Für den Menschen sind minimal effektive Konzentration von 0,63 – 1,54 ng/ml beschrieben (GOURLAY et al. 1988; LEHMANN et al. 1988; PENG u. SANDLER 1999), für die Katze beispielsweise von 1,07 ng/ml (ROBERTSON et al. 2005b).

In der vorliegenden Studie konnte in der Gruppe F_{10} zu dem ersten bzw. den ersten beiden Messzeitpunkten ein signifikanter antinozizeptiver Effekt nachgewiesen werden. Die korrespondierenden mittleren Fentanyl-Plasmakonzentrationen lagen bei 18,99 ± 5,68 ng/ml (t_{10}) und bei 9,44 ± 5,67 ng/ml (t_{30}). Anhand der Erstellung von Hysteresis-Kurven mittels der thermischen Schwellenwerte wurden minimal effektive Konzentrationen von etwas über 6 ng/ml ermittelt. Diese Ergebnisse stimmen ungefähr mit den von SANCHEZ et al. (2007) aufgestellten Vermutungen überein. Erwähnenswert ist des Weiteren, dass eine große inter- und intraindividuelle Variabilität bezüglich analgetisch wirksamer Plasmaspiegel bei Betrachtung der Einzeltiere beobachtet werden konnte.

Es gilt zu beachten, dass die Erhebung von Plasmaspiegeln zwar eine übliche Methodik zur Ermittlung von Dosis-Wirkungsbeziehungen darstellt, die Plasmakonzentrationen jedoch nicht der wahren Konzentration des Wirkstoffes am

Wirkort, dem Gehirn, entsprechen (LÖTSCH 2005). Ein der tatsächlichen Wirkstoffkonzentration am Wirkort näher kommendes Ergebnis als eine Analyse der Plasmakonzentrationen würde die Analyse und Konzentrationsbestimmung von Fentanyl in der Cerebrospinalflüssigkeit liefern. Aufgrund der Invasivität der Probennahme und der möglichen verheerenden Nebenwirkungen wurde sich gegen eine Gewinnung von Cerebrospinalflüssigkeit entschieden.

5.3 Zusammenfassung und Ausblick

Zusammenfassend dargestellt führt Fentanyl nach intravenöser Bolusgabe von 10 µg/kg zu einem antinozizeptiven Effekt über 10 – 30 Minuten. Als im Vordergrund stehende Nebenwirkung nach einmaliger Bolusgabe von Fentanyl beim gesunden nicht-schmerzhaften Pferd ist eine dosisabhängige motorische Stimulation zu nennen, die eine ähnliche zeitliche Ausprägung wie der zu beobachtende antinozizeptive Effekt aufweist. Ein mit der lokomotorischen Stimulation einhergehendes verändertes exzitatives Verhalten konnte ebenfalls beobachtet werden. Weitere Nebenwirkungen, wie zum Beispiel die Dämpfung der intestinalen propulsiven Motilität, konnten in der vorliegenden Studie nicht dokumentiert werden. Des Weiteren sind die Einflüsse nach einmaliger Bolusgabe von Fentanyl auf das kardiovaskuläre System beim wachen Pferd als klinisch nicht relevant zu erachten. Zusammenfassend gesagt, stellten sich in der vorliegenden Studie die beobachteten unerwünschten Nebenwirkungen in ihrer Ausprägung lediglich gering und gut tolerierbar dar und sollten den Einsatz von Opioiden beim Pferd keinesfalls minimieren.

Fraglich bleibt, ob der Einsatz von Fentanyl bei schmerzhaften Pferden mit weniger exzitativen Nebenwirkungen verknüpft wäre und ob der antinozizeptive Effekt in Stärke und Dauer ähnlich ausgeprägt erscheinen würde.

Die erhobenen analgetisch wirksamen Plasmaspiegel liegen bei etwa 6 ng/ml, wobei bei Betrachtung der Einzeltiere eine große inter- und intraindividuelle Variabilität auffällig wird. Die zum Teil sehr individuellen Reaktionen bei dem Einsatz von Opioiden beim Pferd konnten auch schon in früheren Studien beobachtet werden (MAMA et al. 1993; DÖNSELMANN IM SANDE et al. 2017).

Da die Wirksamkeit von Fentanyl nach einmaliger Bolusgabe nur von kurzer Dauer ist, wäre ein klinischer Einsatz im Rahmen einer Dauertropfinfusion (DTI) von therapeutischem Interesse. Gegebenenfalls kann hierdurch zusätzlich eine

Reduktion des unerwünschten Verhaltens (motorische Stimulation, Exzitation) erzielt werden, da ein gleichmäßigerer Plasmaspiegel ohne Spitzenkonzentrationen von Fentanyl im Pferd vorliegen würde.

6 Zusammenfassung

Julia Echelmeyer, Hannover (2017)

Einfluss von Fentanyl auf den thermischen und mechanischen nozizeptiven Schwellenwert beim Pferd sowie Bestimmung von analgetisch wirksamen Plasmaspiegeln

Ziel dieser Studie war es mithilfe der thermischen und mechanischen Stimulation die analgetische Effektivität und Dauer sowie mögliche Nebenwirkungen von Fentanyl zu evaluieren. Des Weiteren wurden analgetisch wirksame Plasmaspiegel von Fentanyl sowie pharmakokinetische Parameter bestimmt.

Die Studie wurde als kontrollierter, randomisierter, experimenteller Versuch mit verblindetem Untersucher im kompletten cross-over Design durchgeführt. Bei acht Warmblutpferden erfolgten sowohl thermische als auch mechanische Schwellenwertmessungen zur Ermittlung antinozizeptiver Effekte. Die thermische Stimulation wurde mittels Kontaktwärmestimulation am Widerrist (Topcat Metrology Ltd.) durchgeführt, die mechanische Stimulation erfolgte durch Druckapplikation eines spitzen Pins auf das Röhrbein (Topcat Metrology Ltd). Für die Bestimmung des Basalwertes wurden jeweils drei Messungen im Abstand von 20 Minuten durchgeführt. Im Anschluss erhielten die Pferde in randomisierter Reihenfolge und für den Untersucher verblindet in einem zeitlichen Abstand von mindestens 10 Tagen intravenös isotone Natriumchloridlösung (P) oder Fentanyl in drei verschiedenen Dosierungen ($F_{2,5}$ = 2,5 µg/kg, F_5 = 5 µg/kg, F_{10} = 10 µg/kg). Die Applikation erfolgte als intravenöse Kurzinfusion über 5 Minuten.

Im Anschluss erfolgten 10, 30, 60, 90, 120, 180, 240, 300, 360, 420, 540 und 1350 Minuten nach der Applikation Bestimmungen sowohl des thermischen (°C) wie auch des mechanischen (N) nozizeptiven Schwellenwertes. Des Weiteren wurden zu jedem Messzeitpunkt der Grad der motorischen Stimulation, die Herz- und Atemfrequenz, die Rektaltemperatur und die Darmgeräusche gemessen sowie venöse Blutproben zur Ermittlung von Plasmakonzentrationen entnommen.

Die Auswertung der Daten erfolgte mit dem Statistikprogramm SAS (SAS Institute, Cary, NC), wobei ein Signifikanzniveau von $p < 0,05$ berücksichtigt wurde. Die Vergleiche zwischen den Medikationen zu jedem Messzeitpunkt sowie die Vergleiche der Messzeitpunkte gegen die eigene Kontrolle wurden mit der einfaktoriellen Varianzanalyse und dem Tukey-Kramer-Test berechnet.

In der Gruppe F_{10} kam es im Vergleich zum Basalwert (47,19 ± 4,07°C) zu einem signifikanten Anstieg der thermischen nozizeptiven Schwellenwerte zu den Zeitpunkten t_{10} (53,76 ± 4,16°C) und t_{30} (52,1 ± 5,56°C). Der mechanische Schwellenwert stieg in der Gruppe F_{10} im Vergleich zum Basalwert (3,68 ± 1,27 N) zum Messzeitpunkt t_{10} (6,62 ± 3,56 N) signifikant an. Die korrespondierenden mittleren Fentanyl-Plasmakonzentrationen in der Gruppe F_{10} lagen bei 18,99 ± 5,68 ng/ml (t_{10}) und bei 9,44 ± 5,67 ng/ml (t_{30}). In den Gruppen $F_{2,5}$ und F_5 konnte zum Messzeitpunkt t_{10} eine Erhöhung sowohl der thermischen als auch der mechanischen Schwellenwerte beobachtet werden, diese wiesen jedoch keine statistische Signifikanz auf.
Die mittels der Erstellung von Hysteresis-Kurven kalkulierte minimal effektive Konzentration von Fentanyl im Blut lag bei etwas über 6 ng/ml, wobei eine große intra- und interindividuelle Variabilität beobachtet werden konnte.
Nach der Fentanylapplikation kam es zu einer dosisabhängigen Erhöhung der lokomotorischen Aktivität. Herz- und Atemfrequenz, Darmmotilität sowie Rektaltemperatur wiesen in keiner der vier Gruppen eine Veränderung über die Zeit auf.

Minimale Plasmakonzentrationen von 6 ng/ml Fentanyl scheinen erforderlich zu sein um einen nachweisbaren antinozizeptiven Effekt bei nicht-schmerzhaften Pferden zu verursachen. Als im Vordergrund stehende Nebenwirkung ist in Dosierungen von bis zu 10 µg/kg Fentanyl eine dosisabhängige motorische Stimulation zu nennen.

7 Summary

Julia Echelmeyer, Hannover (2017)

Effect of fentanyl on thermal and mechanical nociceptive thresholds in horses and estimation of anti-nociceptive plasma concentrations

The purpose of the study was to evaluate analgetic effectivity and duration as well as side effects of three different doses of fentanyl by thermal and mechanical nociceptive stimulations. Furthermore, minimal anti-nociceptive plasma concentrations and pharmacokinetic parameters were estimated.

The study was carried out as a randomized, blinded, controlled trial with complete cross-over design. To evaluate anti-nociceptive effects, thermal and mechanical nociceptive thresholds were measured in eight horses. Thermal nociceptive stimulations were performed by contact heat stimulation at the withers (Topcat Metrology Ltd). For mechanical threshold testing a pin was pressed against the cannon bone by a pneumatic actuator (Topcat Metrology Ltd). For baseline-measurements, thermal and mechanical thresholds were determined three times before medication. Horses were treated with saline (S) and three different doses of fentanyl ($F_{2.5}$ = 2.5 µg/kg, F_5 = 5 µg/kg, F_{10} = 10 µg/kg) intravenously given over 5 minutes with a wash-out period of 10 days between treatments.

To evaluate thermal (°C) and mechanical (N) nociceptive thresholds single stimulations were performed 10, 30, 60, 90, 120, 180, 240, 300, 360, 420, 540 and 1350 minutes after treatment. At each time point locomotor activity, heart rate, respiratory rate, body temperature and gastrointestinal sounds were recorded. Simultaneously venous blood samples were taken for measuring plasma fentanyl concentrations.

Statistical analyses were performed using SAS (SAS Institute, Cary, NC). Statistical significance was attributed when $p < 0,05$. The comparison between the treatments at each measurement point and comparison of the time points to the baseline for each medication was analyzed via one-way analysis of variance and Tukey-Kramer-Test.

Group F_{10} showed a significant increase above baseline (47.2 ± 4.07 °C) in thermal threshold at t_{10} (53.7 ± 4.16 °C) and t_{30} (52.1 ± 5.56 °C), whereas mechanical threshold increased significantly above baseline (3.7 ± 1.27 N) at t_{10} (6.6 ± 3.56 N) only. Corresponding mean fentanyl concentrations were 18.99 ± 5.68 ng/ml (t_{10}) and 9.44 ± 5.67 ng/ml (t_{30}). Group $F_{2.5}$ and F_5 showed an increase above baseline in thermal and mechanical threshold at t_{10} without reaching statistical significance.
Mean minimal anti-nociceptive plasma concentration estimated by thermal stimulation was approximately 6 ng/ml with a high intra- and inter-individual variability. Dose-dependent increased locomotion was noticed, but no significant changes in heart rate, breathing rate, body temperature and gastrointestinal sounds were observed.

Fentanyl plasma concentrations of 6 ng/ml and higher seem to be required to induce detectable antinociception in healthy horses. As main side effect dose-dependent increased locomotion was observed.

8 Literaturverzeichnis

ACVA (1998):
American College of Veterinary Anesthesiologists' position paper on the treatment of pain in animals.
J Am Vet Med Assoc 213, 628-630

ADLER, M. W., E. B. GELLER, C. E. ROSOW u. J. COCHIN (1988):
The opioid system and temperature regulation.
Annu Rev Pharmacol Toxicol 28, 429-449

AICHER, S. A., A. PUNNOOSE u. A. GOLDBERG (2000):
mu-Opioid receptors often colocalize with the substance P receptor (NK1) in the trigeminal dorsal horn.
J Neurosci 20, 4345-4354

ALI, N. M. (1986):
Hyperalgesic response in a patient receiving high concentrations of spinal morphine.
Anesthesiology 65, 449

ALMEIDA, T. F., S. ROIZENBLATT u. S. TUFIK (2004):
Afferent pain pathways: a neuroanatomical review.
Brain Res 1000, 40-56

ARVIDSSON, U., M. RIEDL, S. CHAKRABARTI, J. H. LEE, A. H. NAKANO, R. J. DADO, H. H. LOH, P. Y. LAW, M. W. WESSENDORF u. R. ELDE (1995):
Distribution and targeting of a mu-opioid receptor (MOR1) in brain and spinal cord.
J Neurosci 15, 3328-3341

ASHLEY, F. H., A. E. WATERMAN-PEARSON u. H. R. WHAY (2005):
Behavioural assessment of pain in horses and donkeys: application to clinical practice and future studies.
Equine Vet J 37, 565-575

BABA, H., T. P. DOUBELL u. C. J. WOOLF (1999):
Peripheral inflammation facilitates Abeta fiber-mediated synaptic input to the substantia gelatinosa of the adult rat spinal cord.
J Neurosci 19, 859-867

BEAUDRY, H., D. DUBOIS u. L. GENDRON (2011):
Activation of spinal mu- and delta-opioid receptors potently inhibits substance P release induced by peripheral noxious stimuli.
J Neurosci 31, 13068-13077

BEECHER, H. K. (1957):
The measurement of pain.
Pharmacol Rev 9, 59-209

BENNETT, R. C. u. E. P. STEFFEY (2002):
Use of opioids for pain and anesthetic management in horses.
Vet Clin North Am Equine Pract 18, 47-60

BERRY, J. J., L. D. MONTGOMERY u. B. A. WILLIAMS (1984):
Thermoregulatory responses of rats to varying environmental temperatures.
Aviation, space, and environmental medicine 55, 546-549

BOSCAN, P., L. M. VAN HOOGMOED, T. B. FARVER u. J. R. SNYDER (2006):
Evaluation of the effects of the opioid agonist morphine on gastrointestinal tract function in horses.
Am J Vet Res 67, 992-997

BOVE, G. (2006):
Mechanical sensory threshold testing using nylon monofilaments: the pain field's "tin standard".
Pain 124, 13-17

BROSNAN, R. J., B. H. PYPENDOP, K. T. SIAO u. S. D. STANLEY (2009):
Effects of remifentanil on measures of anesthetic immobility and analgesia in cats.
Am J Vet Res 70, 1065-1071

CAPNER, C. A., B. D. LASCELLES u. A. E. WATERMAN-PEARSON (1999):
Current British veterinary attitudes to perioperative analgesia for dogs.
Vet Rec 145, 95-99

CARREGARO, A. B., S. P. LUNA, M. I. MATAQUEIRO u. A. DE QUEIROZ-NETO (2007):
Effects of buprenorphine on nociception and spontaneous locomotor activity in horses.
Am J Vet Res 68, 246-250

CARROLL, G. L., R. N. HOOPER, D. M. BOOTHE, S. M. HARTSFIELD u. L. A. RANDOLL (1999):
Pharmacokinetics of fentanyl after intravenous and transdermal administration in goats.
Am J Vet Res 60, 986-991

CELERIER, E., C. RIVAT, Y. JUN, J. P. LAULIN, A. LARCHER, P. REYNIER u. G. SIMONNET (2000):
Long-lasting hyperalgesia induced by fentanyl in rats: preventive effect of ketamine.
Anesthesiology 92, 465-472

CHABOT-DORE, A. J., D. J. SCHUSTER, L. S. STONE u. G. L. WILCOX (2015):
Analgesic synergy between opioid and alpha2 -adrenoceptors.
Br J Pharmacol 172, 388-402

CHAMBERS, J. P., A. LIVINGSTON u. A. E. WATERMAN (1990):
A device for testing nociceptive thresholds in horses.
Veterinary Anaesthesia and Analgesia 17, 42-44

CHAMBERS, J. P., A. E. WATERMAN u. A. LIVINGSTON (1994):
Further development of equipment to measure nociceptive thresholds in large animals.
Veterinary Anaesthesia and Analgesia 21, 66-72

CLARK, J. O. u. T. P. CLARK (1999):
Analgesia.
Vet Clin North Am Equine Pract 15, 705-723

CLARK, W. G. (1979):
Influence of opioids on central thermoregulatory mechanisms.
Pharmacol Biochem Behav 10, 609-613

CLARKE, K. W. u. B. S. PATON (1988):
Combined use of detomidine with opiates in the horse.
Equine Vet J 20, 331-334

CLUTTON-BROCK, J. (1957):
The cerebral effects of overventilation.
Br J Anaesth 29, 111-113

CLUTTON, R. E. (2010):
Opioid analgesia in horses.
Vet Clin North Am Equine Pract 26, 493-514

COMBIE, J., T. SHULTS, E. C. NUGENT, J. DOUGHERTY u. T. TOBIN (1981):
Pharmacology of narcotic analgesics in the horse: selective blockade of narcotic-induced locomotor activity.
Am J Vet Res 42, 716-721

COOPER, B. Y., C. J. VIERCK, JR. u. D. C. YEOMANS (1986):
Selective reduction of second pain sensations by systemic morphine in humans.
Pain 24, 93-116

CRIADO, A. B. u. I. A. GOMEZ E SEGURA (2003):
Reduction of isoflurane MAC by fentanyl or remifentanil in rats.
Vet Anaesth Analg 30, 250-256

DAVIES, J. V. u. E. L. GERRING (1983):
Effect of spasmolytic analgesic drugs on the motility patterns of the equine small intestine.
Res Vet Sci 34, 334-339

DE LUCA, A. u. I. M. COUPAR (1996):
Insights into opioid action in the intestinal tract.
Pharmacology & therapeutics 69, 103-115

DEROSSI, R., B. F. B. SAMPAIO, J. V. VARELA u. A. L. JUNQUEIRA (2004):
Perineal analgesia and hemodynamic effects of the epidural administration of meperidine or hyperbaric bupivacaine in conscious horses.
The Canadian Veterinary Journal 45, 42-47

DHAWAN, B. N., F. CESSELIN, R. RAGHUBIR, T. REISINE, P. B. BRADLEY, P. S. PORTOGHESE u. M. HAMON (1996):
International Union of Pharmacology. XII. Classification of opioid receptors.
Pharmacol Rev 48, 567-592

DICKENSON, A. H. (1995):
Spinal cord pharmacology of pain.
Br J Anaesth 75, 193-200

DIXON, M. J., S. A. ROBERTSON u. P. M. TAYLOR (2002):
A thermal threshold testing device for evaluation of analgesics in cats.
Res Vet Sci 72, 205-210

DOHOO, S. E. u. I. R. DOHOO (1996):
Factors influencing the postoperative use of analgesics in dogs and cats by Canadian veterinarians.
Can Vet J 37, 552-556

DÖNSELMANN IM SANDE, P., K. HOPSTER u. S. KÄSTNER (2017):
Effects of morphine, butorphanol and levomethadone in different doses on thermal nociceptive thresholds in horses.
Tierarztliche Praxis. Ausgabe G, Grosstiere/Nutztiere 45, 98-106

DRAY, A. (1995):
Inflammatory mediators of pain.
Br J Anaesth 75, 125-131

DUNDEE, J. W. u. J. MOORE (1960):
Alterations in response to somatic pain associated with anaesthesia. I. An evaluation of a method of analgesimetry.
Br J Anaesth 32, 396-406

EBERSPACHER, E., S. D. STANLEY, M. REZENDE u. E. P. STEFFEY (2008):
Pharmacokinetics and tolerance of transdermal fentanyl administration in foals.
Vet Anaesth Analg 35, 249-255

ELFENBEIN, J. R., L. C. SANCHEZ, S. A. ROBERTSON, C. A. COLE u. R. SAMS (2009):
Effect of detomidine on visceral and somatic nociception and duodenal motility in conscious adult horses.
Vet Anaesth Analg 36, 162-172

FARNWORTH, M. J., N. J. BEAUSOLEIL, N. J. ADAMS, L. A. BARRETT, M. STEVENSON, D. G. THOMAS, M. R. WATERLAND, N. K. WARAN u. K. J. STAFFORD (2013):
Validating the use of a carbon dioxide laser for assessing nociceptive thresholds in adult domestic cats (Felis catus).
Applied Animal Behaviour Science 143, 104-109

FRANKS, J. N., H. W. BOOTHE, L. TAYLOR, S. GELLER, G. L. CARROLL, V. CRACAS u. D. M. BOOTHE (2000):
Evaluation of transdermal fentanyl patches for analgesia in cats undergoing onychectomy.
J Am Vet Med Assoc 217, 1013-1020

FRINCKE, J. M. u. G. L. HENDERSON (1980):
The major metabolite of fentanyl in the horse.
Drug metabolism and disposition: the biological fate of chemicals 8, 425-427

GOMES, I., A. GUPTA, J. FILIPOVSKA, H. H. SZETO, J. E. PINTAR u. L. A. DEVI (2004):
A role for heterodimerization of mu and delta opiate receptors in enhancing morphine analgesia.
Proc Natl Acad Sci U S A 101, 5135-5139

GOMES, I., B. A. JORDAN, A. GUPTA, N. TRAPAIDZE, V. NAGY u. L. A. DEVI (2000):
Heterodimerization of mu and delta opioid receptors: A role in opiate synergy.
J Neurosci 20, Rc110

GOURLAY, G. K., S. R. KOWALSKI, J. L. PLUMMER, M. J. COUSINS u. P. J. ARMSTRONG (1988):
Fentanyl blood concentration-analgesic response relationship in the treatment of postoperative pain.
Anesth Analg 67, 329-337

GREMIÃO, I. D. F., A. NASCIMENTO JÚNIOR, J. H. N. SOARES, F. O. ASCOLI u. F. MÁRSICO FILHO (2003):
Minimun alveolar concentration (MAC) reduction in dogs anesthetized with isoflurane combined with fentanyl.
Acta Scientiae Veterinariae 31, 13-19

HARGREAVES, K., R. DUBNER, F. BROWN, C. FLORES u. J. JORIS (1988):
A new and sensitive method for measuring thermal nociception in cutaneous hyperalgesia.
Pain 32, 77-88

HARKINS, J. D. u. T. TOBIN (1999):
Lack of local anaesthetic efficacy of fentanyl in the abaxial sesamoid block model.
J Vet Pharmacol Ther 22, 52-55

HAUSSLER, K. K. u. H. N. ERB (2006):
Mechanical nociceptive thresholds in the axial skeleton of horses.
Equine Vet J 38, 70-75

HELLYER, P. W., L. BAI, J. SUPON, C. QUAIL, A. E. WAGNER, K. R. MAMA u. K. R. MAGNUSSON (2003):
Comparison of opioid and alpha-2 adrenergic receptor binding in horse and dog brain using radioligand autoradiography.
Vet Anaesth Analg 30, 172-182

HELLYER, P. W., K. R. MAMA, H. L. SHAFFORD, A. E. WAGNER u. C. KOLLIAS-BAKER (2001):
Effects of diazepam and flumazenil on minimum alveolar concentrations for dogs anesthetized with isoflurane or a combination of isoflurane and fentanyl.
Am J Vet Res 62, 555-560

JULIUS, D. u. A. I. BASBAUM (2001):
Molecular mechanisms of nociception.
Nature 413, 203-210

KAMERLING, S. G. (1993):
Narcotics and local anesthetics.
Vet Clin North Am Equine Pract 9, 605-620

KAMERLING, S. G., D. J. DEQUICK, T. J. WECKMAN u. T. TOBIN (1985a):
Dose-related effects of fentanyl on autonomic and behavioral responses in performance horses.
Gen Pharmacol 16, 253-258

KAMERLING, S. G., D. J. DEQUICK, T. J. WECKMAN u. T. TOBIN (1986):
Dose-related effects of ethylketazocine on nociception, behaviour and autonomic responses in the horse.
J Pharm Pharmacol 38, 40-45

KAMERLING, S. G., T. J. WECKMAN, D. J. DEQUICK u. T. TOBIN (1985b):
A method for studying cutaneous pain perception and analgesia in horses.
J Pharmacol Methods 13, 267-274

KAMERLING, S. G., T. WOOD, D. DEQUICK, T. J. WECKMAN, C. TAI, J. W. BLAKE u. T. TOBIN (1989):
Narcotic analgesics, their detection and pain measurement in the horse: a review.
Equine Vet J 21, 4-12

KLATZKIN, R. R., B. MECHLIN u. S. S. GIRDLER (2010):
Menstrual cycle phase does not influence gender differences in experimental pain sensitivity.
Eur J Pain 14, 77-82

KNYCH, H. K., E. P. STEFFEY, H. C. CASBEER u. M. M. MITCHELL (2015a):
Disposition, behavioural and physiological effects of escalating doses of intravenously administered fentanyl to young foals.
Equine Vet J 47, 592-598

KNYCH, H. K., E. P. STEFFEY, K. R. MAMA u. S. D. STANLEY (2009):
Effects of high plasma fentanyl concentrations on minimum alveolar concentration of isoflurane in horses.
Am J Vet Res 70, 1193-1200

KNYCH, H. K., E. P. STEFFEY, M. M. MITCHELL u. H. C. CASBEER (2015b):
Effects of age on the pharmacokinetics and selected pharmacodynamics of intravenously administered fentanyl in foals.
Equine Veterinary Journal 47, 72-77

KOPPERT, W. (2004):
Opioid-induced hyperalgesia. Pathophysiology and clinical relevance.
Anaesthesist 53, 455-466

KUKANICH, B. u. P. ALLEN (2014):
Comparative pharmacokinetics of intravenous fentanyl and buprenorphine in healthy greyhound dogs.
J Vet Pharmacol Ther 37, 595-597

KYLES, A. E., M. PAPICH u. E. M. HARDIE (1996):
Disposition of transdermally administered fentanyl in dogs.
Am J Vet Res 57, 715-719

LAMURAGLIA, R., P. KIRKBY u. J. P. FUNCIA (2015):
Cardiopulmonary Effects and Recovery Quality of Remifentanil–Isoflurane Anesthesia in Horses.
Journal of Equine Veterinary Science 35, 271-276

LE BARS, D., M. GOZARIU u. S. W. CADDEN (2001):
Animal models of nociception.
Pharmacol Rev 53, 597-652

LEE, D. D., M. G. PAPICH u. E. M. HARDIE (2000):
Comparison of pharmacokinetics of fentanyl after intravenous and transdermal administration in cats.
Am J Vet Res 61, 672-677

LEHMANN, K. A., C. HEINRICH u. R. VAN HEISS (1988):
Balanced anesthesia and patient-controlled postoperative analgesia with fentanyl: minimum effective concentrations, accumulation and acute tolerance.
Acta anaesthesiologica Belgica 39, 11-23

LOPES, C., S. P. LUNA, A. C. ROSA, C. QUARTERONE, N. CROSIGNANI, P. M. TAYLOR, J. C. PANTOJA u. J. N. PUOLI (2016):
Antinociceptive effects of methadone combined with detomidine or acepromazine in horses.
Equine Vet J 48, 613-618

LÖTSCH, J. (2005):
Pharmacokinetic-pharmacodynamic modeling of opioids.
J Pain Symptom Manage 29, S90-103

LOVE, E. J. (2009):
Assessment and management of pain in horses.
Equine Veterinary Education 21, 46-48

LOVE, E. J., J. MURRELL u. H. R. WHAY (2011):
Thermal and mechanical nociceptive threshold testing in horses: a review.
Vet Anaesth Analg 38, 3-14

LOVE, E. J., P. TAYLOR, J. MURRELL, M. DIXON, H. WHAY u. A. WATERMAN-PEARSON (2008):
Modification of a feline thermal threshold testing system for use in horses.
Vet Anaesth Analg 35, 10

LOVE, E. J., P. M. TAYLOR, J. MURRELL u. H. R. WHAY (2012):
Effects of acepromazine, butorphanol and buprenorphine on thermal and mechanical nociceptive thresholds in horses.
Equine Vet J 44, 221-225

LUNA, S. P., C. LOPES, A. C. ROSA, F. A. OLIVEIRA, N. CROSIGNANI, P. M. TAYLOR u. J. C. PANTOJA (2015):
Validation of mechanical, electrical and thermal nociceptive stimulation methods in horses.
Equine Vet J 47, 609-614

LUTZ, R. A. u. H. P. PFISTER (1992):
Opioid receptors and their pharmacological profiles.
Journal of receptor research 12, 267-286

MAMA, K. R., P. J. PASCOE u. E. P. STEFFEY (1993):
Evaluation of the interaction of mu and kappa opioid agonists on locomotor behavior in the horse.
Can J Vet Res 57, 106-109

MAUERMANN, E., J. FILITZ, P. DOLDER, K. M. RENTSCH, O. BANDSCHAPP u. W. RUPPEN (2016):
Does Fentanyl Lead to Opioid-induced Hyperalgesia in Healthy Volunteers?: A Double-blind, Randomized, Crossover Trial.
Anesthesiology 124, 453-463

MAXWELL, L. K., S. M. THOMASY, N. SLOVIS u. C. KOLLIAS-BAKER (2003):
Pharmacokinetics of fentanyl following intravenous and transdermal administration in horses.
Equine Veterinary Journal 35, 484-490

MCEWAN, A. I., C. SMITH, O. DYAR, D. GOODMAN, L. R. SMITH u. P. S. GLASS (1993):
Isoflurane minimum alveolar concentration reduction by fentanyl.
Anesthesiology 78, 864-869

MCMULLAN, S., D. A. SIMPSON u. B. M. LUMB (2004):
A reliable method for the preferential activation of C- or A-fibre heat nociceptors.
J Neurosci Methods 138, 133-139

MELZACK, R. (1996):
Gate control theory: On the evolution of pain concepts.
Pain Forum 5, 128-138

MERRITT, A. M., H. XIE, G. D. LESTER, J. A. BURROW, M. LORENZO-FIGUERAS u. Z. MAHFOUD (2002):
Evaluation of a method to experimentally induce colic in horses and the effects of acupuncture applied at the Guan-yuan-shu (similar to BL-21) acupoint.
Am J Vet Res 63, 1006-1011

MILLS, P. C. u. S. E. CROSS (2007):
Regional differences in transdermal penetration of fentanyl through equine skin.
Research in Veterinary Science 82, 252-256

MOLLEREAU, C., M. PARMENTIER, P. MAILLEUX, J. L. BUTOUR, C. MOISAND, P. CHALON, D. CAPUT, G. VASSART u. J. C. MEUNIER (1994):
ORL1, a novel member of the opioid receptor family. Cloning, functional expression and localization.
FEBS Lett 341, 33-38

MONTEIRO-RIVIERE, N. A., D. G. BRISTOL, T. O. MANNING, R. A. ROGERS u. J. E. RIVIERE (1990):
Interspecies and interregional analysis of the comparative histologic thickness and laser Doppler blood flow measurements at five cutaneous sites in nine species.
J Invest Dermatol 95, 582-586

MOON, P. F., J. M. SCARLETT, J. W. LUDDERS, T. A. CONWAY u. S. V. LAMB (1995):
Effect of fentanyl on the minimum alveolar concentration of isoflurane in swine.
Anesthesiology 83, 535-542

MUIR, W. W. (2005a):
Anaesthesia and pain management in horses.
Equine Veterinary Education 15, 20-25

MUIR, W. W. (2005b):
Pain therapy in horses.
Equine Vet J 37, 98-100

MUIR, W. W. u. C. J. WOOLF (2001):
Mechanisms of pain and their therapeutic implications.
J Am Vet Med Assoc 219, 1346-1356

NOLAN, A., A. LIVINGSTON, R. MORRIS u. A. WATERMAN (1987):
Techniques for comparison of thermal and mechanical nociceptive stimuli in the sheep.
J Pharmacol Methods 17, 39-49

OHTA, M., A. WAKUNO, J. OKADA, K. KODAIRA, S. NAGATA, M. ITO u. K. OKU (2010):
Effects of intravenous fentanyl administration on end-tidal sevoflurane concentrations in thoroughbred racehorses undergoing orthopedic surgery.
J Vet Med Sci 72, 1107-1111

ORSINI, J. A., P. J. MOATE, K. KUERSTEN, L. R. SOMA u. R. C. BOSTON (2006):
Pharmacokinetics of fentanyl delivered transdermally in healthy adult horses--variability among horses and its clinical implications.
J Vet Pharmacol Ther 29, 539-546

PASCOE, P. J., W. D. BLACK, J. M. CLAXTON u. R. E. SANSOM (1991):
The pharmacokinetics and locomotor activity of alfentanil in the horse.
J Vet Pharmacol Ther 14, 317-325

PASCOE, P. J. u. P. M. TAYLOR (2003):
Effects of dopamine antagonists on alfentanil-induced locomotor activity in horses.
Vet Anaesth Analg 30, 165-171

PATON, W. D. (1957):
The action of morphine and related substances on contraction and on acetylcholine output of coaxially stimulated guinea-pig ileum. 1956.
Br J Pharmacol 120, 123-131; discussion 121-122

PENG, P. W. u. A. N. SANDLER (1999):
A review of the use of fentanyl analgesia in the management of acute pain in adults.
Anesthesiology 90, 576-599

PENNOCK, R. L., M. S. DICKEN u. S. T. HENTGES (2012):
Multiple inhibitory G-protein-coupled receptors resist acute desensitization in the presynaptic but not postsynaptic compartments of neurons.
J Neurosci 32, 10192-10200

PIPPI, N. L. u. W. V. LUMB (1979):
Objective tests of analgesic drugs in ponies.
Am J Vet Res 40, 1082-1086

POLLER, C., K. HOPSTER, K. ROHN u. S. B. KASTNER (2013a):
Evaluation of contact heat thermal threshold testing for standardized assessment of cutaneous nociception in horses - comparison of different locations and environmental conditions.
BMC Vet Res 9, 4

POLLER, C., K. HOPSTER, K. ROHN u. S. B. KASTNER (2013b):
Nociceptive thermal threshold testing in horses - effect of neuroleptic sedation and neuroleptanalgesia at different stimulation sites.
BMC Vet Res 9, 135

POSNER, L. P. (2013):
Analgesia in the horse: thinking outside the box.
In: Large Animal Proceedings. North American Veterinary Conference, Orlando, Florida, USA, 19-23 January 2013., Gainesville

PRINGLE, J., C. ROBERTS, M. KOHL u. P. LEKEUX (1999):
Near infrared spectroscopy in large animals: optical pathlength and influence of hair covering and epidermal pigmentation.
Vet J 158, 48-52

PRINSTER, S. C., C. HAGUE u. R. A. HALL (2005):
Heterodimerization of g protein-coupled receptors: specificity and functional significance.
Pharmacol Rev 57, 289-298

PYPENDOP, B. H., R. J. BROSNAN, C. R. MAJEWSKI-TIEDEKEN, S. D. STANLEY u. J. E. ILKIW (2014):
Pharmacokinetics of fentanyl, alfentanil, and sufentanil in isoflurane-anesthetized cats.
Journal of Veterinary Pharmacology and Therapeutics 37, 13-17

RAEKALLIO, M., K. M. HEINONEN, J. KUUSSAARI u. O. VAINIO (2003):
Pain alleviation in animals: attitudes and practices of Finnish veterinarians.
Vet J 165, 131-135

REILLY, S., R. SEDDIGHI, C. M. EGGER, B. W. ROHRBACH, T. J. DOHERTY, W. QU u. J. R. JOHNSON (2013):
The effect of fentanyl on the end-tidal sevoflurane concentration needed to prevent motor movement in dogs.
Vet Anaesth Analg 40, 290-296

RICE, A. S. C. u. D. M. JUSTINS (1999):
Pain mechanisms and pathways.
Current Anaesthesia & Critical Care 10, 98-104

RISBERG, A. I., C. SPADAVECCHIA, B. RANHEIM, E. H. HENDRICKSON, A. LERVIK u. H. A. HAGA (2015):
Antinociceptive effect of buprenorphine and evaluation of the nociceptive withdrawal reflex in foals.
Vet Anaesth Analg 42, 329-338

RIVIERE, J. E. (1999):
Comparative Pharmacokinetics: Principles, Techniques, and Applications.
Iowa State University Press, Ames, Iowa, USA

ROBERTSON, S. A., L. C. SANCHEZ, A. M. MERRITT u. T. J. DOHERTY (2005a):
Effect of systemic lidocaine on visceral and somatic nociception in conscious horses.
Equine Vet J 37, 122-127

ROBERTSON, S. A., P. M. TAYLOR, J. W. SEAR u. G. KEUHNEL (2005b):
Relationship between plasma concentrations and analgesia after intravenous fentanyl and disposition after other routes of administration in cats.
J Vet Pharmacol Ther 28, 87-93

ROBINSON, T. M., K. T. KRUSE-ELLIOTT, M. D. MARKEL, G. E. PLUHAR, K. MASSA u. D. E. BJORLING (1999):
A comparison of transdermal fentanyl versus epidural morphine for analgesia in dogs undergoing major orthopedic surgery.
Journal of the American Animal Hospital Association 35, 95-100

ROGER, T., T. BARDON u. Y. RUCKEBUSCH (1994):
Comparative effects of mu and kappa opiate agonists on the cecocolic motility in the pony.
Can J Vet Res 58, 163-166

ROLLS, E. T. (2017):
Limbic Structures, Emotion, and Memory.
In: Reference Module in Neuroscience and Biobehavioral Psychology
Elsevier, S.

ROUGE-PONT, F., A. USIELLO, M. BENOIT-MARAND, F. GONON, P. V. PIAZZA u. E. BORRELLI (2002):
Changes in extracellular dopamine induced by morphine and cocaine: crucial control by D2 receptors.
J Neurosci 22, 3293-3301

SANCHEZ, L. C., J. R. ELFENBEIN u. S. A. ROBERTSON (2008):
Effect of acepromazine, butorphanol, or N-butylscopolammonium bromide on visceral and somatic nociception and duodenal motility in conscious horses.
Am J Vet Res 69, 579-585

SANCHEZ, L. C. u. A. M. MERRITT (2005):
Colorectal distention in the horse: visceral sensitivity, rectal compliance and effect of i.v. xylazine or intrarectal lidocaine.
Equine Veterinary Journal 37, 70-74

SANCHEZ, L. C., S. A. ROBERTSON, L. K. MAXWELL, K. ZIENTEK u. C. COLE (2007):
Effect of fentanyl on visceral and somatic nociception in conscious horses.
J Vet Intern Med 21, 1067-1075

SANDLER, A. N., A. D. BAXTER, J. KATZ, B. SAMSON, M. FRIEDLANDER, P. NORMAN, G. KOREN, S. ROGER, K. HULL u. J. KLEIN (1994):
A double-blind, placebo-controlled trial of transdermal fentanyl after abdominal hysterectomy. Analgesic, respiratory, and pharmacokinetic effects.
Anesthesiology 81, 1169-1180

SCHAIBLE, H. G. u. R. F. SCHMIDT (1988):
Time course of mechanosensitivity changes in articular afferents during a developing experimental arthritis.
Journal of neurophysiology 60, 2180-2195

SHEEHY, J. G., P. W. HELLYER, G. E. SAMMONDS, K. R. MAMA, B. E. POWERS, D. A. HENDRICKSON u. K. R. MAGNUSSON (2001):
Evaluation of opioid receptors in synovial membranes of horses.
Am J Vet Res 62, 1408-1412

SKARDA, R. T. u. W. W. MUIR, 3RD (2003):
Comparison of electroacupuncture and butorphanol on respiratory and cardiovascular effects and rectal pain threshold after controlled rectal distention in mares.
Am J Vet Res 64, 137-144

STEAGALL, P. V., P. M. TAYLOR, J. T. BRONDANI, S. P. LUNA, M. J. DIXON u. T. H. FERREIRA (2007):
Effects of buprenorphine, carprofen and saline on thermal and mechanical nociceptive thresholds in cats.
Vet Anaesth Analg 34, 344-350

STEINBROOK, R. A. (1998):
Epidural anesthesia and gastrointestinal motility.
Anesth Analg 86, 837-844

STRIMBU-GOZARIU, M., F. GUIRIMAND, J.-C. WILLER u. D. LE BARS (1993):
A sensitive test for studying the effects of opioids on a C-fibre reflex elicited by a wide range of stimulus intensities in the rat.
European Journal of Pharmacology 237, 197-205

SUFKA, K. J. u. D. D. PRICE (2002):
Gate Control Theory Reconsidered.
Brain and Mind 3, 277-290

SVENSSON, P., B. ROSENBERG, A. BEYDOUN, T. J. MORROW u. K. L. CASEY (1997):
Comparative psychophysical characteristics of cutaneous CO2 laser and contact heat stimulation.
Somatosens Mot Res 14, 113-118

TAYLOR, P. M., N. CROSIGNANI, C. LOPES, A. C. ROSA, S. P. LUNA u. J. N. PUOLI FILHO (2016):
Mechanical nociceptive thresholds using four probe configurations in horses.
Vet Anaesth Analg 43, 99-108

TAYLOR, P. M., P. J. PASCOE u. K. R. MAMA (2002):
Diagnosing and treating pain in the horse. Where are we today?
Vet Clin North Am Equine Pract 18, 1-19

THOMASY, S. M., K. R. MAMA, K. WHITLEY, E. P. STEFFEY u. S. D. STANLEY (2007):
Influence of general anaesthesia on the pharmacokinetics of intravenous fentanyl and its primary metabolite in horses.
Equine Vet J 39, 54-58

THOMASY, S. M., N. SLOVIS, L. K. MAXWELL u. C. KOLLIAS-BAKER (2004):
Transdermal fentanyl combined with nonsteroidal anti-inflammatory drugs for analgesia in horses.
J Vet Intern Med 18, 550-554

THOMASY, S. M., E. P. STEFFEY, K. R. MAMA, A. SOLANO u. S. D. STANLEY (2006):
The effects of i.v. fentanyl administration on the minimum alveolar concentration of isoflurane in horses.
Br J Anaesth 97, 232-237

TOBIN, T., J. COMBIE, J. R. MILLER, M. W. CRISMAN u. J. W. BLAKE (1979a):
Pharmacology of narcotic analgesics in the horse. II. Studies on the detection, pharmacokinetics, urinary clearance times and behavioural effects of pentazocine and fentanyl in the horse.
Irish Veterinary Journal 33, 169-176

TOBIN, T., J. COMBIE, T. SHULTS u. J. DOUGHERTY (1979b):
The pharmacology of narcotic analgesics in the horse. III. Characteristics of the locomotor effects of fentanyl and apomorphine.
Journal of Equine Medicine and Surgery 3, 284-288

TOUTAIN, P. L. u. A. BOUSQUET-MELOU (2004):
Volumes of distribution.
J Vet Pharmacol Ther 27, 441-453

VAN DIJK, P. u. S. K. NYKS (1998):
Changes in heart rate, mean arterial pressure, blood biochemistry, plasma glucose, plasma lactate and some plasma enzymes during sufentanil/halothane anaesthesia in horses.
Veterinary Anaesthesia and Analgesia 25, 13-18

VARVEL, J. R., S. L. SHAFER, S. S. HWANG, P. A. COEN u. D. R. STANSKI (1989):
Absorption characteristics of transdermally administered fentanyl.
Anesthesiology 70, 928-934

WALL, P. D. (1978):
The gate control theory of pain mechanisms. A re-examination and re-statement.
Brain 101, 1-18

WEGNER, K., R. P. FRANKLIN, M. T. LONG u. S. ROBERTSON (2002):
How to use fentanyl transdermal patches for analgesia in horses.
Proceedings of the American Association of Equine Practitioner 48, 291-294

WEI, X. u. W. WEI (2012):
Role of gabapentin in preventing fentanyl- and morphine-withdrawal-induced hyperalgesia in rats.
Journal of anesthesia 26, 236-241

WETMORE, L. A., P. J. PASCOE, Y. SHILO-BENJAMINI u. J. C. LINDSEY (2016):
Effects of fentanyl administration on locomotor response in horses with the G57C mu-opioid receptor polymorphism.
Am J Vet Res 77, 828-832

WHAY, H. R., A. E. WATERMAN, A. J. WEBSTER u. J. K. O'BRIEN (1998):
The influence of lesion type on the duration of hyperalgesia associated with hindlimb lameness in dairy cattle.
Vet J 156, 23-29

WILLIAMS, J. T., M. J. CHRISTIE u. O. MANZONI (2001):
Cellular and synaptic adaptations mediating opioid dependence.
Physiological reviews 81, 299-343

WITHINGTON, D. E., J. A. PATRICK u. F. REYNOLDS (1993):
Histamine release by morphine and diamorphine in man.
Anaesthesia 48, 26-29

XU, G. Y., L. Y. HUANG u. Z. Q. ZHAO (2000):
Activation of silent mechanoreceptive cat C and Adelta sensory neurons and their substance P expression following peripheral inflammation.
The Journal of physiology 528 Pt 2, 339-348

YAKSH, T. L. (1997):
Pharmacology and mechanisms of opioid analgesic activity.
Acta anaesthesiologica Scandinavica 41, 94-111

YAKSH, T. L., G. J. HARTY u. B. M. ONOFRIO (1986):
High dose of spinal morphine produce a nonopiate receptor-mediated hyperesthesia: clinical and theoretic implications.
Anesthesiology 64, 590-597

YAKSH, T. L., T. M. JESSELL, R. GAMSE, A. W. MUDGE u. S. E. LEEMAN (1980):
Intrathecal morphine inhibits substance P release from mammalian spinal cord in vivo.
Nature 286, 155-157

YAMAOKA, K., T. NAKAGAWA u. T. UNO (1978):
Application of Akaike's information criterion (AIC) in the evaluation of linear pharmacokinetic equations.
Journal of pharmacokinetics and biopharmaceutics 6, 165-175

YEOMANS, D. C. u. H. K. PROUDFIT (1996):
Nociceptive responses to high and low rates of noxious cutaneous heating are mediated by different nociceptors in the rat: electrophysiological evidence.
Pain 68, 141-150

ZIMMERMANN, M. (1984):
Behavioural investigations of pain in animals.
In: Assessing Pain in Farm Animals, Roslin, Scotland, 16-29

ZIV, N. Y., M. TAL u. Y. SHAVIT (2016):
The transition from naïve to primed nociceptive state: A novel wind-up protocol in mice.
Experimental Neurology 275, Part 1, 133-142

Anhang 1: Nozizeptive Schwellenwerte (°C) nach thermischer Stimulation am Widerrist der Behandlungen Placebo (NaCl), $F_{2,5}$ (2,5 µg/kg Fentanyl), F_5 (5 µg/kg Fentanyl) und F_{10} (10 µg/kg Fentanyl) (n=8). Aufgeführt sind die erreichten thermischen Schwellenwerte (Mittelwert ± SD) vor der AM-Behandlung (t_0, Kontrollwert) und nach der AM-Gabe zu den jeweiligen Messzeitpunkten über einen Zeitraum von 1350 Minuten.

	Placebo	**F2,5**	**F5**	**F10**
Zeit (min)	**Temperatur (°C)**			
0	48,51 ± 3,83	47,36 ± 3,55	48,20 ± 3,74	47,20 ± 4,07
10	47,77 ± 4,70	49,23 ± 3,21	50,01 ± 5,54	53,76 ± 4,16 *
30	47,91 ± 3,11	47,91 ± 2,94	47,88 ± 3,10	52,1 ± 5,56 *
60	48,64 ± 4,18	47,78 ± 2,56	47,8 ± 4,28	48,74 ± 5,75
90	48,44 ±3,12	46,39 ± 6,66	46,29 ± 4,29	47,99 ± 4,32
120	46,91 ± 2,63	46,75 ± 3,43	47,63 ± 2,55	47,36 ± 3,85
180	47,68 ± 4,04	45,29 ± 3,24	45,58 ± 4,84	48,18 ± 3,38
240	44,9 ± 3,03	45,93 ± 3,49	46,5 ± 3,73	46,46 ± 3,35
300	47,28 ± 3,27	43,1 ± 3,32	45,03 ± 3,69	47,56 ± 2,96
360	48 ± 3,74	46,08 ± 3,24	47,79 ± 3,55	47,19 ± 3,12
420	48,76 ± 2,84	45,06 ± 4,34	48,33 ± 3,67	47,59 ± 3,68
540	48,24 ± 3,98	46,35 ± 3,50	47,64 ± 4,37	47,33 ± 3,65
1350	47,98 ± 4,99	45,58 ± 6,96	46,75 ± 2,96	48,43 ± 3,19

* : signifikanter Unterschied zu dem Kontrollwert t(0)

Anhang 2: Nozizeptive Schwellenwerte (Newton) nach mechanischer Stimulation am Bein der Behandlungen Placebo (NaCl), $F_{2,5}$ (2,5 µg/kg Fentanyl), F_5 (5 µg/kg Fentanyl) und F_{10} (10 µg/kg Fentanyl) (n=8). Aufgeführt sind die erreichten mechanischen Schwellenwerte (Mittelwert ± SD) vor der AM-Behandlung (t_0, Kontrollwert) und nach der AM-Gabe zu den jeweiligen Messzeitpunkten über einen Zeitraum von 1350 Minuten.

	Placebo	**F2,5**	**F5**	**F10**
Zeit (min)	**Druck (Newton)**			
0	4,09 ± 1,51	4,29 ± 1,60	3,55 ± 1,43	3,68 ± 1,27
10	4,34 ± 1,67	5,42 ± 2,83	6,00 ± 3,53	6,62 ± 3,56 *
30	4,10 ± 1,30	4,07 ± 1,63	4,38 ± 2,09	4,36 ± 1,39
60	3,80 ± 1,76	3,86 ± 1,46	4,48 ± 2,51	4,72 ± 1,59
90	4,30 ± 2,04	5,06 ± 1,91	3,91 ± 1,68	4,63 ± 2,27
120	4,50 ± 2,31	4,94 ± 2,08	3,07 ± 0,98	3,64 ± 1,19
180	3,20 ± 0,66	4,88 ± 1,82	3,84 ± 2,47	3,66 ± 0,76
240	3,44 ± 1,29	4,83 ± 2,10	3,17 ± 1,46	3,36 ± 0,65
300	3,95 ± 0,56	3,43 ± 1,16	3,34 ± 1,56	3,1 ± 0,70
360	4,22 ± 2,19	3,40 ± 1,68	2,53 ± 1,04	3,20 ± 1,01
420	3,39 ± 0,69	3,17 ± 1,03	3,59 ± 2,03	4,07 ± 1,19
540	3,60 ± 1,02	3,75 ± 1,63	2,97 ± 1,36	4,32 ± 2,19
1350	3,53 ± 1,45	4,19 ± 1,47	3,41 ± 1,26	3,87 ± 2,16

* : signifikanter Unterschied zu dem Kontrollwert t(0)

Anhang 3: Prozentuale Temperaturabweichung (TE %) der Behandlungen Placebo (NaCl), $F_{2,5}$ (2,5 µg/kg Fentanyl), F_5 (5 µg/kg Fentanyl) und F_{10} (10 µg/kg Fentanyl) (n=8) zu den jeweiligen Messzeitpunkten (t_0 bis t_{1350}). Der nozizeptive Schwellenwert (TT) wurde mithilfe der Thermostimulation am Widerrist ermittelt. Über einen Temperatursensor konnte die Hauttemperatur (T0) ermittelt werden, die cut-out Temperatur (Tc) wurde im vorneherein mit 56 °C festgelegt.

	Placebo	**F2,5**	**F5**	**F10**
Zeit (min)		**TE %**		
0	71,16	68,61	68,49	64,03
10	67,28	73,03	73,94	90,34
30	67,01	66,65	64,98	82,97
60	69,75	66,7	65,14	67,85
90	69,61	60,96	57,93	65,65
120	62,41	61,74	65,16	61,93
180	66,14	56,61	57,56	67,53
240	56,6	59,6	60,87	60,32
300	65,51	48,5	54,88	65,6
360	67,86	60,26	65,98	63,85
420	71,28	54,99	67,97	65,17
540	69,69	60,61	65,37	64,17
1350	69,16	59,81	63,92	68,91

TE % = 100 x ([TT – T0] / [Tc-T0]

Anhang 4: Hauttemperatur (°C, Mittelwert ± SD) der Behandlungen Placebo (NaCl), $F_{2,5}$ (2,5 µg/kg Fentanyl), F_5 (5 µg/kg Fentanyl) und F_{10} (10 µg/kg Fentanyl) (n=8) vor der AM-Applikation (t_0) und zu den jeweiligen Zeitpunkten (t_{10} bis t_{1350}) nach AM-Applikation.

	Placebo	**F2,5**	**F5**	**F10**
Zeit (min)	**Hauttemperatur (°C)**			
0	30,05 ± 2,23	29,79 ± 1,57	31,23 ± 1,79	31,53 ± 1,98
10	30,85 ± 2,01	30,88 ± 1,63	33,03 ± 1,22	32,84 ± 2,67
30	31,49 ± 1,69	31,75 ± 1,66	32,8 ± 3,03	33,1 ± 1,89
60	31,66 ± 1,33	31,3 ± 1,83	32,48 ± 1,13	33,41 ± 1,52
90	31,11 ± 1,44	31,38 ± 1,66	32,91 ± 1,16	32,68 ± 1,62
120	31,83 ± 1,60	31,83 ± 1,55	31,96 ± 1,85	33,31 ± 1,82
180	31,41 ± 1,67	31,31 ± 0,76	31,44 ± 1,73	31,9 ± 0,73
240	30,43 ± 1,08	31,06 ± 1,08	31,73 ± 1,52	31,96 ± 1,24
300	30,7 ± 1,59	30,95 ± 1,30	31,68 ± 1,52	31,48 ± 1,13
360	31,11 ± 1,01	31,03 ± 1,37	31,86 ± 1,13	31,63 ± 1,10
420	30,8 ± 1,67	31,7 ± 1,02	32,04 ± 1,78	31,85 ± 1,53
540	30,39 ± 1,32	31,5 ± 1,10	31,85 ± 1,97	31,79 ± 1,53
1350	29,98 ± 1,74	30,06 ± 1,27	30,36 ± 1,81	31,65 ± 1,11

Anhang 5: Herzfrequenz (Schläge/Minute; Mittelwert ± SD) der Behandlungen Placebo (NaCl), $F_{2,5}$ (2,5 µg/kg Fentanyl), F_5 (5 µg/kg Fentanyl) und F_{10} (10 µg/kg Fentanyl) (n=8) vor der AM- Applikation (t_0) und zu den jeweiligen Zeitpunkten (t_{10} bis t_{1350}) nach AM-Applikation im Vergleich.

	Placebo	**F2,5**	**F5**	**F10**
Zeit (min)	**Herzfrequenz (Schläge/min)**			
0	36,52 ± 3,38	35,67 ± 4,04	34,83 ± 4,24	35,94 ± 4,31
10	37 ± 3,55	37,5 ± 5,21	38,5 ± 3,66	39 ± 4,66
30	37 ± 2,83	38 ± 4,28	35,5 ± 3,34	36,5 ± 4,50
60	38 ± 3,02	37 ± 4,14	35 ± 3,55	36 ± 3,70
90	37 ± 1,85	36,5 ± 3,96	34,5 ± 4,75	35 ± 2,83
120	36,5 ± 1,41	37,5 ± 2,98	34 ± 3,02	36,5 ± 3,96
180	37 ± 1,85	37,5 ± 2,07	34,5 ± 2,98	36 ± 3,02
240	36 ± 0	36,5 ± 2,56	35 ± 2,83	36,5 ± 3,34
300	36 ± 0	36 ± 2,14	35,5 ± 1,41	35 ± 1,85
360	36,5 ± 1,41	37 ± 3,55	34 ± 2,14	37 ± 2,83
420	35,5 ± 2,56	36 ± 3,70	34,5 ± 3,66	36,5 ± 2,56
540	35,5 ± 2,56	36 ± 2,14	34,5 ± 2,07	35 ± 1,85
1350	37,5 ± 2,07	35,5 ± 3,96	34 ± 3,02	36 ± 2,14

Anhang 6: Atemfrequenz (Züge/Minute; Mittelwert ± SD) der Behandlungen Placebo (NaCl), $F_{2,5}$ (2,5 µg/kg Fentanyl), F_5 (5 µg/kg Fentanyl) und F_{10} (10 µg/kg Fentanyl) (n=8) vor der AM- Applikation (t_0) und zu den jeweiligen Zeitpunkten (t_{10} bis t_{1350}) nach AM-Applikation im Vergleich.

	Placebo	**F2,5**	**F5**	**F10**
Zeit (min)	**Atemfrequenz (Züge/min)**			
0	16,14 ± 3,60	13,33 ± 3,82	15 ± 5,09	16,33 ± 4,68
10	15,5 ± 4,50	13,5 ± 3,66	16,5 ± 3,96	18 ± 3,70
30	15 ± 3,55	14 ± 3,70	15,5 ± 4,99	16,5 ± 2,56
60	15 ± 2,83	14,5 ± 3,66	15 ± 2,83	15,5 ± 2,56
90	13,5 ± 3,66	14 ± 3,7	14,5 ± 2,98	16,5 ± 3,34
120	15 ± 3,55	13,5 ± 2,98	14,5 ± 4,24	15,5 ± 1,41
180	14,5 ± 3,66	12,5 ± 3,34	14,5 ± 3,66	15,5 ± 2,56
240	14 ± 4,28	13,5 ± 3,66	14,5 ± 3,66	15 ± 2,83
300	14 ± 4,28	13,5 ± 3,66	16 ± 3,02	14 ± 3,02
360	13 ± 3,55	13,5 ± 3,66	14,5 ± 3,66	14,5 ± 2,98
420	13 ± 3,55	13,5 ± 2,98	15 ± 2,83	14,5 ± 2,07
540	14 ± 3,02	13 ± 3,55	14 ± 3,02	15,5 ± 2,56
1350	14,5 ± 2,98	12 ± 3,02	12,5 ± 3,34	16 ± 3,02

Anhang 7: Rektaltemperatur (°C; Mittelwert) der Behandlungen Placebo (NaCl), $F_{2,5}$ (2,5 µg/kg Fentanyl), F_5 (5 µg/kg Fentanyl) und F_{10} (10 µg/kg Fentanyl) (n=8) vor der AM- Applikation (t_0) und zu den jeweiligen Zeitpunkten (t_{10} bis t_{1350}) nach AM-Applikation im Vergleich.

	Placebo	**F2,5**	**F5**	**F10**
Zeit (min)	**Rektaltemperatur (°C)**			
0	37,2	37,1	37,1	37,3
10	37,4	37,4	37,2	37,4
30	37,3	37,4	37,1	37,4
60	37,3	37,4	37,1	37,4
90	37,4	37,4	37,3	37,4
120	37,4	37,4	37,3	37,3
180	37,4	37,4	37,3	37,3
240	37,3	37,4	37,2	37,3
300	37,3	37,4	37,1	37,2
360	37,2	37,4	37,2	37,3
420	37,3	37,3	37,3	37,3
540	37,4	37,4	37,3	37,3
1350	37,1	37,2	37,2	37,2

Anhang 8: Darmmotilität erhoben anhand der auskultierten Darmgeräusche der Behandlungen Placebo (NaCl), $F_{2,5}$ (2,5 µg/kg Fentanyl), F_5 (5 µg/kg Fentanyl) und F_{10} (10 µg/kg Fentanyl) (n=8) vor der AM- Applikation (t_0) und zu den jeweiligen Zeitpunkten (t_{10} bis t_{1350}) nach AM-Applikation im Vergleich.

	Placebo	**F2,5**	**F5**	**F10**
Zeit (min)	**Darmmotilität**			
0	+	+	+	+
10	+	+	+	+
30	+	+	+	+
60	+	+	+	+
90	+	+	+	+
120	+	+	+	+
180	+	+	+	+
240	+	+	+	+
300	+	+	+	+
360	+	+	+	+
420	+	+	+	+
540	+	+	+	+
1350	+	+	+	+

+: physiologisch auskultierbare Darmgeräusche

Danksagung

Mein erster Dank geht an Frau Prof. Dr. S. Kästner, die mir ermöglicht hat eine Doktorarbeit in der Klinik für Pferde anzufertigen, mir dieses interessante und praxisnahe Thema anvertraut hat und deren Betreuung immer sehr freundlich, überaus kompetent und sehr zeitnah erfolgte.

Mein weiterer Dank gilt der Klinik für Pferde, Herrn Prof. Dr. K. Feige und Herrn Prof. Dr. H. Sieme, welche mir die klinikeigenen Pferde zur Verfügung gestellt haben und mir die Finanzierung im Rahmen eines Internships ermöglicht haben.

Ein großer Dank geht an Dr. K. Hopster, der mich vor allem bei der Planung und Durchführung der Versuche, aber auch bei Angst vor Vorträgen oder in jeder anderen Lebenslage immer gut gelaunt begleitet und unterstützt hat.

Des Weiteren möchte ich mich bei Herrn Prof. Dr. Kietzmann für die Auswertung der pharmakokinetischen Daten bedanken sowie für die überaus freundliche Hilfe und Denkanstöße bezüglich meines gesamten „Pharmakokinetik-Teils".
Dr. K. Rohn danke ich für die Hilfe bei der statistischen Auswertung dieser Arbeit. Herrn Dr. Torsten Binscheck-Domaß aus Berlin danke ich für die Analyse der Plasmaproben.

Ein herzlicher Dank geht nach England an Polly Taylor und Mike Dixon, welche die Stimulationsgeräte entwickelt haben, mir ihr mechanisches Gerät zur Verfügung gestellt haben und mich sogar persönlich vor Ort mit hilfreichen Tipps versorgt haben.

Ein besonderer Dank geht an Liza („Lizzi") Wittenberg-Voges, die so gut wie jeden Morgen in aller Frühe bei der Vorbereitung meiner Versuchspferde geholfen hat und mir auch darüber hinaus immer und ohne Ausnahmen zu jeder Tages- und Nachtzeit hilfsbereit und immer gut gelaunt zur Seite stand. Ohne dich wäre der Start für mich in die Pferdeklinik und die Doktorarbeit unvorstellbar gewesen, vielen lieben Dank Lizzi!

Auch an das Team „Hasenzimmer“ (Pudi und Schnäbelchen) denke ich mit Freude zurück: immer ausgelassen gute Stimmung (etwas abgesondert vom restlichen Klinikalltag), aufmunternde Tiervideos bei doch mal schlechter Laune, Klickerspiele mit Püppy und schnelle Hilfe bei Verlust des Handys in der Box mit Uschi auf Fentanyl.

Ebenfalls ein großes Dankeschön an das gesamte „Team Anästhesie“ aus Pferde- und Kleintierklinik. Ich glaube keine andere „Doktormutter“ hat eine so große Truppe von so vielen wunderbaren, tollen, klugen und lustigen Leuten um sich herum wie Frau Kästner. Sogar die JC´s morgens um 7 Uhr waren mit euch nur halb so schlimm! Liegestütze morgens um 6 Uhr im Fohlenstall, Heliumballons im OP, Glühwein und Axtwerfen auf dem Weihnachtsmarkt oder gemeinsame Grillabende im Sommer wird man nicht so schnell vergessen. Und vor allem meinem Team-Pink-Lieblings-Thomas danke ich für die wunderbare jahrelange ehrliche Freundschaft seit dem ersten Semester. Mit pinkem Schlafanzug und Hausschuhen im Stall hast du mir einige einsame Versuchstage verkürzt.

Danken möchte ich auch meiner Familie, die mich während meines beruflichen Werdeganges sowohl emotional als auch finanziell immer bedingungslos unterstützt hat. Und der letzte große Dank geht an Alex, der durch sein zügiges Korrekturlesen trotz eines eigenen vollen Schreibtischs am Ende zu dem wohl größten und wichtigsten Teil beigetragen hat.